海洋大讲堂

海洋广角

展华云　林风谦　著

海洋出版社

2018 年 · 北京

图书在版编目（CIP）数据

海洋大讲堂/展华云，林风谦著．
—— 北京：海洋出版社，2018.7
ISBN 978-7-5210-0144-0

Ⅰ.①海… Ⅱ.①展…②林… Ⅲ.①海洋–普及读物 Ⅳ.① P7-49

中国版本图书馆 CIP 数据核字 (2018) 第 155760 号

海洋大讲堂

HAI YANG DA JIANG TANG

作　　者：展华云　林风谦

责任编辑：赵　武　黄新峰

责任印制：赵麟苏

排　　版：胡长跃

出版发行：海洋出版社

发 行 部：(010) 62174379（传真）(010) 62132549
　　　　　(010) 68038093（邮购）(010) 62100077

总 编 室：(010) 62114335

承　　印：北京朝阳印刷厂有限责任公司

版　　次：2018 年 7 月第 1 版第 1 次印刷

开　　本：889mm×1194mm　1/32

印　　张：17.75

字　　数：340 千字

全套定价：68.00 元

地　　址：北京市海淀区大慧寺路 8 号（100081）

经　　销：新华书店

网　　址：www.oceanpress.com.cn

技术支持：(010) 62100052

目录

写在前面

要利用海洋，达成目标，人类就必须科学地认识海洋。

对于海洋和陆地的关系，15 世纪以前人们的普遍认识是"天圆地方"，认为陆地的四周是海洋，海洋的边缘是深渊；15 世纪末以后，随着大航海时代的来临，各大洲国家和地区之间因海洋阻挡相互隔绝的状况逐渐被打破，人们逐渐认识到海洋是世界交通的重要通道。

第一次世界大战以来，人们开始认识到海洋是人类生存与发展的重要空间。

随着科学技术的发展，许多关于海洋的科学发现对人类认识地球、认识自然作出了独特贡献。20 世纪 50 年代以

来，人们对海底地形有了全面、系统的认识，由此诞生了海底扩张说和板块构造学说，使人类对地球有了新的认识。

20世纪80年代以来，通过大洋观测计划，人们认识到全球气候异常与厄尔尼诺现象的关系，揭示了海洋与大气间的相互作用过程。

历史发展到21世纪，科学家正在全面开展海洋环境与全球环境变化关系的研究。

当前，海洋是地球环境的调节器，是人类生命支持系统的重要组成部分，也是可持续发展的宝贵财富已经成为全社会的共识。而且，将来对海洋价值的认识还会继续深化，所有这些都说明，人类对于海洋的正确认识需要由科学探索来完成，尽管这个过程非常缓慢。

要走向海洋，就必须知晓关于海洋的一切。譬如，在海洋探险时代，人们为了航海需要，不得不搜集和学习所有关于海洋气象、洋流等有关要素。

面对风起云涌的海洋，单凭个体的力量，即使是最伟大的航海家，穷其一生也未必能通晓关于海洋的全部奥秘。

知识的积累从来都是一个接力的过程，对于我们不了解的事物，我们尽可以先从书本中获得，让知识帮助我们远行。基于此，我们编写了这本书，为见过海和没有见过海，为还没有远行和即将远行的读者们提供一个关于海洋的大概认识。如果能因此激励大家认识海洋、拥抱海洋，将是我们最大的欣慰。

第一辑　沧海桑田

　　海洋与陆地共同组成了地球的表面。占地球表面积约 71% 的海洋与被割裂的陆地不同，它是一个相互连通的整体。理论上，只要踏入海洋，从某一处海岸出发，就可以到达海洋的任何地方，甚或到达世界上濒临海洋的任何国家。

　　神秘的海洋，给人以无尽的想象。广阔的大海，一眼望不到边。翻滚的波涛，让人望而生畏。船只在海上航行，有时好多天都看不到陆地。如果没有航海经验或者导航装置，会迷失方向。海，时而波涛汹涌，时而水平如镜，既有风情万种的景致，也有变幻莫测的躁动，有时还会出现虚无缥缈的海市蜃楼。气象万千的海洋，留给人类多副不同的面孔。

　　海洋，被称为风雨的故乡，生命的摇篮。海洋，孕育了地球最初的生命。

1.海洋的诞生

关于海洋的形成，至今科学界也没有统一的说法。最具代表性的一种观点是：最初，地球上没有动物，没有植物，没有生命，也没有蔚蓝的天空，并且地球的表面也没有水。地球只是个大熔炉，由火山爆发喷射出来的岩浆，滚烫地下了几百万年。随同岩浆喷出的还有少量水蒸汽和二氧化碳，这些气体上升到空中将地球笼罩起来，水蒸气形成云层，产生降雨。长时间的降雨，在原始地壳低洼处形成积水。这些积水汇聚在一起，形成了原始的海洋。

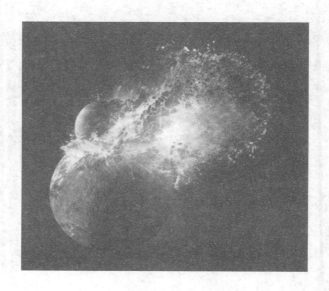

2. 生命的摇篮

大约 45 亿年以前，地球上的陆地非常有限，绝大部分是深浅不同的广阔海洋。由于陆地上大量的紫外线和许多不稳定的因素，让生命无法"安身"。反倒是深邃的海洋，具备了孕育萌发出原始生命的条件。

地球上原始的生命体是一种类似蛋白质的物质，能够孕育出生命的是氨基酸，而海洋里拥有从宇宙中的尘埃和陨石中坠落的氨基酸。就这样，在海水和阳光的作用下，经过长期的演化和孕育，生命诞生了。这个过程，很像种子在土壤里发芽、成长、开花、结果。

3. 海洋，海和洋

当人类第一次飞上太空，从高处遥望地球，人们惊讶地发现，地球竟然是一颗蔚蓝色的"水球"。在这个"水球"上，蓝色的水占了近 71%。地球表面占 71% 的这部分蓝色水体就是海洋。

人们习惯上把海和洋连在一起叫海洋，其实海和洋是两回事。和陆地连接的部分是海，海的中心部分叫作洋。

从面积上区分，洋的面积大，海的面积小。

从深度上区分，海的深度一般在 2000~3000 米，洋的深度在 3000 米以上。

按含盐量区分，海的盐分不稳定，随环境位置的变化发生变化。但洋的盐分相对稳定，世界大洋的平均盐度为 3.5% 左右。

以洋流和潮汐区分，海受潮汐影响显著，但不受洋流影响；而洋不受潮汐影响受洋流影响。

4. 世界海洋的分布

全世界有 4 个大洋、50 多个海。

世界大洋通常分为四大部分即太平洋、大西洋、印度洋和北冰洋。

太平洋：太平洋最古老，它是最大、最深、最温暖以及岛屿和珊瑚礁最多的海洋。

据有关资料介绍，太平洋最早是由西班牙探险家巴斯科发现并命名的，"太平"一词即"和平"之意。但传播更多的，是麦哲伦给太平洋的命名。1520 年 11 月，航海家麦哲伦率领船队，由大西洋绕过南美洲，在历经 38 天狂风巨浪、险象环生的航行之后，进入一片全新的大洋。此后，船队继续在这片大洋上航行了 3 个多月，始终天气晴朗，风平浪静，没有遇到一次暴风雨，巨大的反差，让船队喜出望外。麦哲伦和船员们于是非常高兴地把这一海域取名为"太平洋"。实际上，太平洋周边是地球上火山地震最频繁的地带，尤其在南纬40度的地方，经常西风狂啸，风急浪大。可见，太平洋并不太平。

大西洋：是世界第二大洋。大西洋的来历被认为是一件很有趣的事，科学家们认为，它是从地球的一道巨大"伤口"里慢慢长出来的。最开始，美洲和欧洲、非洲等是一片紧密相连的陆地，后来这块陆地由于地球板块的运动而裂开，仿佛在美洲和非洲之间因受到重击而出现了长长的伤口。之后，这道"伤口"开裂面积越来越大，直到海水直涌进来，把这片大陆给肢解开来，西面的美洲和东面的欧洲、非洲相互分离，涌进伤口的海水便成了一个新诞生的大洋——大西洋。随着大西洋不断地成长和扩张，西面的美洲和东面的欧洲、非洲被越推越远。

印度洋：世界第三大洋，地理位置非常重要，是连接亚洲、非洲、欧洲和大洋洲的交通要道。印度洋是世界上地质年代最年轻的大洋。印度洋这个名字很容易让人联想到印度。那么，它和印度有着什么关系呢？15世纪末，葡萄牙著名航海家达伽马为了寻找通往印度的航线，绕过非洲南端的好望角后发现了位于印度半岛南边的这片大洋，就称之为印度洋，后来逐渐被人们所接受并成为通用的称呼。

北冰洋：在四大洋中最小最浅。北冰洋大致以北极为中心，介于亚洲、欧洲和北美洲之间，为三洲所环抱。北冰洋跨经度360℃，是世界上跨经度最广的大洋。北冰洋处于地球的最北端，大部分被冰雪覆盖，整体看起来是白色的。由于这里人类活动很少，所以使它充满了神秘色彩。北冰洋常年都非常寒冷，除了大家熟知的北极熊和海象，很少有动物可以在那里生存。

世界上主要的50多个海按其所处地理位置的不同可以分为边缘海、内陆海和地中海。

边缘海：位于大陆边缘，以半岛、岛屿或群岛与大洋分隔或与大洋相连。我国的东海、南海就是太平洋的边缘海。

内陆海：是伸入大陆内部的海，被大陆或岛屿、群

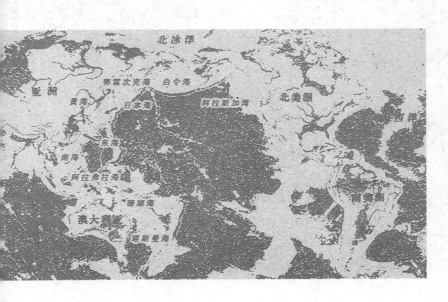

岛所包围，仅通过海峡或水道与其他海相通的水域。如欧洲的波罗的海。

地中海：是几个大陆之间的海，水深一般高于内陆海。如果地中海伸进一个大陆内部，仅有狭窄水道和海洋相通的，又被称为内海。如我国的渤海。

5. 海纳百川

海纳百川是形容大海可以容得下成百上千条江河的水。事实上，海洋也是地球上最广阔的水体。海经常被形容成大和多。比如，海碗、海量、夸下海口是指大，人海、火海、云海是指多。

习惯上，人们喜欢把海和江、河、湖泊连在一起称呼，认为这就是地球上全部的水了。实际上不是这样的。据测算，海里的水约有 13.7 亿立方千米，而江、河、湖泊加在一起也只不过约几十万立方千米。除此之外，还有南北极呈冰雪状态的水大约有 4000 万立方千米，远远高于江、河里面的水。隐含在水蒸气中的水和生物体内的水也是最容易被我们忽略的。

但是，江、河里的水，最终都是流向海洋的。在我国最早的神话史诗《天问》中，曾经有过这样的疑问：河海应龙，何尽何历？意思是应龙是如何以尾巴划出深深的沟槽，把江河里的水导入海洋的？水流不溢，孰知其故？水流东海总是不能注满往外流溢，谁又知道这是什么原因？事实上，江、河里的水并不是直接流向海洋的。海洋是地球上凹陷的部分，而水流喜欢向低处流淌。所以，江、河在不停地流动中，最终流入海洋。

6. 海洋经纬

如果我们向着海洋方向行进，应该先由海岸进入海洋。

海岸，是人类迈进海洋的第一道门槛。海岸是海洋和陆地相互接触和相互作用的地带，又可以形象地比喻为"大海和陆地相互握手和相互拥抱的地方"。

海岸的确定是根据海浪对大陆的影响来确定的。海岸的范围，从海水最低潮水线时海浪能打到的海底位置开始算，到海洋最高潮时海浪能够打到的位置，都属于海岸。

1999 年，国际地理学家联合会（IGU）"海洋地带国际宪章"将全球海洋正式划分成"海岸海洋"和"深海海洋"两部分。

这么看，海岸是一条"带"。自人类进入文明时代以来，海岸带就逐渐成为人们晾晒海盐、开采石油、捕捞和养殖海产、围垦土地等重要经济活动的场所，并且海岸带也日益成为吸引人们观光旅游的所在。

那么，海岸线也不是简单的一条线。

海岸线作为陆地和海洋的分界线，将陆地与海洋划分成两个不同的部分。不仅如此，海岸线还是国家领土的一部分。海岸线一般指涨潮时，潮水达到最高时与陆地的界线。海岸线是经常随着海洋的变化而变化的。

海岸线的划分直接影响到一个国家的领土与领海面积大小。绘制航海图时，为了防止舰船搁浅，要以最低低潮线为分界线。所以，海岸线的标注还有军事意义。

就海洋本身而言，是以海洋的表面作为区别的。

在海水以上，不管涨潮落潮都高于海水的那部分陆地区域被统称为岛屿，也叫海岛。

在深深的海下，不要认为海底和蔚蓝色的海面一样平坦。其实，海底和陆地一样，也有连绵不断的群山和纵横交错的峡谷，有广阔的平原和深陷的盆地，还有神秘的海底大峡谷。

根据海底的地形特点，人们一般把海底分为三部分：大陆架、大陆坡和洋底，

从海岸向外延伸，一般坡度不大、比较平缓的这个地带，是大陆架。再向外是比较陡峭的斜坡，向下直降到二三千米深处，这个地带是大陆坡。由大陆坡再往下，就是广阔的大洋底部了。

大陆架是海下看不见的大陆部分，也是陆地向海洋延伸的部分，原来沿海的平原被海水淹没了，就成了大

陆架。

大陆坡是大陆架向洋底延伸的部分，宽度大约是 20 至 100 千米。

洋底是海洋的主体，地形复杂多样。最突出的两个特点是：四个大洋中部都有南北走向的巨大海底山脉。在四个大洋的边缘都有深陷海沟。

海底山脉——大洋的脊背：是海底火山结构系统，又被称为大洋的脊背，也叫洋脊、洋中脊、海岭。

海沟：海沟是海洋中最深的地方，位于海洋中的两壁较陡、狭长、水深大于 5000 米的沟槽。

在洋底之中，还有许多神秘的地方，如海底大峡谷和被海水淹没但仍然保持着直立状态的海底森林等。

7. 沧海桑田

沧海桑田是个成语，是指大海变成桑田，桑田变成大海。比喻世事变化很大。

传说中，东汉仙人王方平在门徒蔡经家见到了仙女麻姑，发现原来是自己的妹妹。她早年在姑余山修行得道，千百年过去了，长得仍和十八九岁的大姑娘一样，在头顶上梳个发髻，其余的秀发下垂到腰际，身上的衣服光彩夺目，大家举杯欢宴，麻姑说："我自从得到天命以来，已经三次见到东海变为桑田。这次去仙山蓬莱，见海水比以前浅了许多，大概又快要变成陆地丘陵了吧！"王方平笑着说："难怪圣人说海中行路都会扬起灰。"

"沧海桑田"原来的意思是海洋会变为陆地，陆地会变为海洋。这种"沧桑之变"是发生在地球上的一种自然现象。

现代科学研究表明，地壳的变动和海平面的升降，是造成海陆变迁的主要原因。地球表面的形态处于不停的运动和变化之中，海洋可以变成陆地，陆地可以变成海洋。

我国著名的喜马拉雅山脉是地球最高山脉，但就是这样一座山脉，却是从大海里生长起来的。地质学家在喜马拉雅山的岩层里发现了大量海螺、海藻化石等古代海洋里的生物化石，经过研究认为，之所以在高出海面几千米的山脉上会发现海洋里的生物化石，就是由于地壳上升引起的海陆变迁的结果。很久很久以前，喜马拉雅山脉一带曾经是汪洋大海，后来经过地壳运动抬升为陆地。另外，在我国东部海域的海底，人们发现了古河流及水井等人类活动的遗迹，这说明此地区

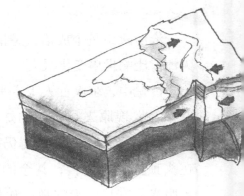

在很早以前曾经是陆地，后来经过地壳变动变成了海洋。

除了大自然引起的海陆变迁，人类的"填海造陆"、"围海造田"活动也会引起海洋和陆地面积的变化。

在亚洲，陆地资源贫乏的沿海国家和地区，都很重视利用滩涂或海湾填海造地，像日本、韩国、新加坡、印度和中国香港、澳门等，都在向大海要土地。

荷兰，欧洲西北部著名的"低地之国"，是"围海造田"最具代表性的国家。

据说，宇航员在太空遥望地球，所能看到的人类建筑物只有中国的万里长城和荷兰围海造田留下的成果。以风车和郁金香闻名于世的荷兰，同时又是世界上地势最低的国家。它 41526 平方千米的全国总面积，大部分都是低洼地，四分之一的土地低于海平面。为防止水淹，必须修筑堤坝。风车，是排出地面积水的工具。于是，

风车就成为荷兰风景的标志。

千百年来，荷兰人民为了生存，长期与大海搏斗，从大海中开发出了7100多平方千米的土地。他们为把3500平方千米的须德海改造为陆地，使沧海变成桑田，在北海与须德海之间，人工修筑起一条长达30千米的巴里尔拦海大堤，成为一道蔚为壮观的景观。目前，荷兰全国的土地，约有四分之一的面积，是通过800年来填海造田得来的。

最早时候，人们对于"围海造田""填海造陆"行为是持赞扬态度的，认为是变"废"为宝。后来，随着科学的发展和环境运动，人们开始注意到海岸湿地的生态价值。"围海造田""填海造陆"虽然从大自然手里攫取了大片大片的廉价土地，但却是以牺牲无比珍贵的环境为代价的。"围海造田"让数不胜数的鱼、虾等海洋动物无家可归、产卵场所消失，生物多样性降低。由于海岸湿地被大片"造陆"，造成水域污染严重，赤潮频发，红树林湿地减少等等诸如此类的问题，让以"填海"而闻名世界的荷兰人正在重造滩涂，并计划把一部分土地重新归还大海。

人类侵占大海，是为了发展自己。但"围海造田"同时又是把双刃剑，一端屠戮自然，一端割伤自己，最直接的影响就是，我们失去了优美的自然海滨，失去了宝贵的亲近大海的机会。

我们人类的"填海造陆"行为可以使海陆面积发生

变化，不过这种变化只能是局部的和小规模的，而且这种活动还必须顺应自然过程，遵循自然规律，否则，迟早要受到大自然的报复。

第二辑　海洋纵横

　　海洋以其博大而具有广阔无边的包容性，毫不吝啬地向众多的探索者们张开双臂和怀抱。海洋的博大也使其产生了跨越时空的神秘力量，并且赋予探索者们以精神和灵魂。人们对海洋的认知、实践、审美和价值取向，也随着时空的变化而慢慢沉淀成海洋文化代代相传。

1. 海洋传说

最早的人类如何看待海洋？浩瀚的大海在我们祖先的生活中又扮演着什么样的角色？

人类和大海交往的最初过程已无法追寻，但是人类与海洋密不可分的关系却是不争的事实。

面对神秘的海洋，早期人类无法作出科学的解释，只能凭直觉和想象解释他们不了解的一切。于是，各种各样的神话传说就构成了他们最早对海洋的基本认知。有趣的是，许许多多的神话传说看似荒诞不经，但正反映了历史的真实，至少是部分地或者变相地反映了历史的真实。比如，1999 年，新华社曾经播发过这样一则消息："在藏族神话传说中青藏高原是一片大海，后来变成长着棕榈树的海岸，气候炎热而湿润。令人惊奇的是，越来越多的科学考察得出的结论与这一传说相吻合。"

希腊，是西方海洋文化的发源地。曲折的海岸线以及风平浪静的港口，使希腊具备了海上运输业发展的先天优势，这些因素综合起来，又推动了希腊的海洋文化的形成与繁荣发展，同时也成为古希腊神话孕育和传播的土壤。

在古希腊神话中，海洋之神是波塞冬。传说，波塞冬与哥哥哈迪斯、弟弟宙斯年轻时团结一致，联合推翻了他们父亲，也就是前任神王克罗诺斯的残暴统治，

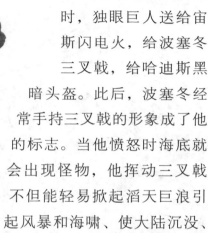

海神波塞冬雕塑

然后通过抓阄划分势力范围，宙斯抽得了天空，哈迪斯抽中冥界，波塞冬就成了一切大海和湖泊的君主。

在讨伐克罗诺斯时，独眼巨人送给宙斯闪电火，给波塞冬三叉戟，给哈迪斯黑暗头盔。此后，波塞冬经常手持三叉戟的形象成了他的标志。当他愤怒时海底就会出现怪物，他挥动三叉戟不但能轻易掀起滔天巨浪引起风暴和海啸、使大陆沉没、天地崩裂，还能将万物打得粉碎，甚至引发震撼整个世界的强大地震，由于海神波塞冬过于强悍，就连冥王都惧怕他会不会令宇宙裂开导致冥界暴露在人间。

波塞冬的三叉戟除了用来当作武器，也被用来击碎岩石，从裂缝中流出的清泉浇灌大地，使农民五谷丰登，所以波塞冬又被称为丰收神。波塞冬还给予了人类第一匹马，他乘座的战车就是用金色的战马所拉的，当他的战车在大海上奔驰时，波浪会变得平静，并且周围有海豚跟随。尽管他在奥林匹斯山上拥有一席之地，但是大部分时间，他都住在深海华丽夺目的宫殿中。

这个传说中所透露出来的信息是，波塞冬的地位仅次于宙斯，海洋的重要性仅次于天空。

在中国的传说中，龙王是海洋的统治者。

龙是中国古代传说中一种有鳞有须有角，能走能飞能游泳，能细能巨，能短能长，能兴风作雨的神异动物。

传说中，龙王为上古之神，是奉女娲娘娘之命管理海洋及人间气候风雨的龙神。女娲娘娘一共册封了九位龙王，其中五位是按方位区分的"五帝龙王"，四位是掌管四方海洋的东海龙王、南海龙王、西海龙王、北海龙王。所以龙王又经常被称为四海龙王。

由于四海龙王为女娲娘娘册封，因此在神灵中身份崇高特殊，保持着较大的自治性，天宫对其海洋之事，一般任其自治。龙王育有龙子龙孙，安居下界，居住在由水晶建成的海底龙宫里，享有在神灵中不一样的特权。

作为古代的龙神崇拜和海神信仰，龙王也是道教神祇之一。

龙王是民间所敬之神，同

时又是中国北方渔民普遍崇信的海神。

在民间，龙代表着神界的力量，可以呼风唤雨。在统治阶层，龙则代表着号令天下的君主。

龙的图腾崇拜大约出现于8000年前的新石器时代。在漫长的历史过程中，经过不停的战争和民族融合，信奉龙图腾的民族逐渐成为领导者，因此龙的图腾渐渐成为整个中华民族图腾的形象。与此同时，龙被赋予各种生物的特征：蛇身、兽腿、鹰爪、马头、狮尾、鹿角、鱼鳞，集中了各种美德和优秀品质，龙不畏强暴、英勇善战，龙聪明多智、未卜先知，龙能大能小，变化多端，龙兴云布雨、法力无边。

作为一种崇拜现象、一种对不可思议的自然力的理解，龙的传说和形象在中国的各个历史时期，都在不断变化发展着。

在关于中华文明始祖黄帝的传说中，有黄帝借助应龙之力打败蚩尤、乘龙升天的故事；夏禹治水，有神龙以尾巴画地成河道，疏导洪水的传说。甚至，司马公也在《史记·高祖本纪》中记载了汉高祖的父亲，雷雨中至大泽，见神龙附其母之身，遂生高祖这一传说。故事的真假我们暂不考究，其用意无非是告诉我们皇帝的血统和平常人不一样。

唐宋以来，四海龙王的观念已经普遍被民间所接受，龙王的信仰也逐渐遍及各地。因为龙王有司水的功能，所以内陆地区大都有向龙王祈雨的风俗，而沿海地区的渔民常常把龙王当作海神崇拜，并且成为渔民信仰中最重要的神灵。

在文学作品中，龙甚至被人格化，有了善恶的分别，海龙王有为民造福的，也有与民为害的。

在神话小说《西游记》中，关于龙的描写随处可见。需要说明的是，自从佛教传入中国，龙的地位和形象已经发生改变，由以前的正面为主变为正反共存。比如，在《西游记》中，东海龙王不仅拿大闹龙宫的孙悟空毫

无办法，连定海神针都送给孙悟空做了金箍棒。而西海龙王那里，其三太子更成了唐僧西天取经路上的白马。龙王的形象成了配角甚至丑角。

在神话小说《封神榜》里面，顽劣少年哪吒仅仅凭随身穿戴的混天绫和乾坤圈两件宝物，在东海洗澡时无意识地造成了东海震动、龙宫摇晃。龙王派去调查的虾兵蟹将和三太子被顽劣的哪吒打死不说，三太子还被哪吒剥皮抽筋。东海龙王敖广因此向哪吒的父亲李靖兴师问罪，并扬言要向玉皇大帝告御状。由于天庭的干涉，并以向李靖全家问罪施压，才使哪吒一人担当过错，向父母剔还骨肉、断绝关系才平息了事态。后来，哪吒在师傅太乙真人的帮助下复活，并担任了武王伐纣大军的先锋官。

评剧《张羽煮海》所讲述的爱情故事，主要反映了人类如何挣脱神权的束缚，追求幸福平静的生活这一主题：樵夫张羽，常常在海边吹笛，打动了龙宫的琼莲公主，二人相爱并订下婚约，但专横暴戾的东海龙王不许他们相爱，把琼莲押入黑石牢。最后，琼莲的侍女梅香盗出龙宫的镇海三宝，交付张羽，煮沸大海，才降服了龙王，使琼莲、张羽终于争得了自由美满的爱情。

在元代戏曲杂剧《柳毅传书》中，龙王的生活与经历已经非常拟人化。剧中描写了秀才柳毅赴京城赶考途中，在泾河畔见一牧羊女不停悲啼，经反复询问才知道是洞庭湖龙宫的三公主，远嫁泾水龙王十太子，遭受了非常虐待。太子生性风流不说，三公主无过反而被罚在冰天雪地之中牧羊。柳毅义愤填膺，乃仗义为三公主传送家书，入海会见洞庭龙王。三公主的叔叔钱塘龙王惊悉侄女被囚，赶奔泾河，杀死泾水十太子，救回侄女。三公主得救后，深感柳毅传书之义，请叔叔钱塘君作主婚配，但柳毅为避施恩图报之嫌，拒婚而归。三公主矢志不渝，和父亲洞庭龙王化身渔家父女同柳家邻里相处，与柳毅感情日笃，最后将以真情告知柳毅。于是柳毅与三公主订立婚约，最终结为夫妇。

龙的传说发展到今天，已经成为一种文化现象，深入到亿万中国人的心里。

对于以农耕文明为主的中华民族来说，农耕文明并非中华文明的全部。海洋文明也是中华文明的构成要素之一。

中华民族曾经以海纳百川的胸怀创造了融黄河文明、草原文明与海洋文明于一体的华夏文明，从一开始就和海洋联系在一起。

华夏、东夷和苗蛮作为中华文化的三大主体，这已经是大家普遍认可的观点。其中，东夷和东夷人创造的东夷文化主要体现为海洋文化。东夷文化又叫海岱文化，"海岱"指黄海西岸至泰山南北的广大地区。苗族主要生活在长江沿岸，也曾经是海洋文明的发源地。也就是说，中华文明中的海洋成份至少占了一半。

从我国最早的神话史诗《天问》可以看出，中华民族从一开始就对海洋产生了浓厚兴趣，但对海洋的感情是复杂的。虽然钟情海洋，却又怀有畏惧。

中国古人曾经把海和晦作为通假字，"海者，晦也"、"海者，晦暗无知也"。中国古书中还曾经把海作为方向的代名词，有"四海犹四方"的说法。因为不了解大海之外另有新大陆，所以便把海看成是天下的尽头了。

我国古代的大型神话传说故事书《山海经》记录过一个"精卫填海"的故事：

在一座叫发鸠山的上面长了很多柘树，树林里有一种鸟，它的形状像乌鸦，头上羽毛有花纹，白色的嘴，红色的脚，名叫精卫，它的叫声像在呼唤自己的名字。这其实是炎帝的小女儿，名叫女娃。有一次，女娃去东海游玩，溺水身亡，再也没有回来，所以化为精卫鸟。

经常叼着西山上的树枝和石块，用来填塞东海，向大海复仇。

后来，人们又将"精卫填海"的故事演绎成锲而不舍的精神和宏伟的志向。"精卫填海"成语被比喻为按既定的目标坚韧不拔地奋斗到底。

晋代诗人陶渊明为之写诗，赞颂精卫敢于向大海抗争的悲壮战斗精神。他写道：

> 精卫衔微木，将以填沧海。
> 刑天舞干戚，猛志固常在。

意思是：精卫衔着微小的木块，要用它填平沧海。刑天挥舞着盾斧，刚毅的斗志始终存在。同样是生灵不存余哀，化成了异物并无悔改。如果没有这样的意志品格，美好的时光又怎么会到来呢？

我国上古时期有的神话故事和传说将海洋渲染为凶险莫测的地方，但随着人们对海的认识和了解的增进，逐渐对海洋充满了向往。我们的祖先渴望能征服海洋、利用海洋，让海洋造福人类。

尧帝时期，洪水泛滥。大禹的父亲鲧曾经出任治理水患的官员，因为只"堵"不疏，所以没能够解决水患。后来，舜向尧帝告发鲧治水不力。鲧因此被流放到羽山。后来，舜接替尧帝登上王位，为惩治鲧的不尽职守，派猛士祝融把他诛杀。传说鲧被诛杀后，尸体三年不腐烂，腹部隆起如鼓好像怀孕一样。祝融用手中的吴钩弯刀将鲧的尸身划开，一个男孩从里面跑了出来。这就是禹。鲧死了之后，舜帝却举荐启用了他的儿子禹继续治水。

禹认真勘察地形，疏理河道，沟通河海，不顾劳累地在外面生活了十三年，连经过家门也不敢进，终于使水患得到解决。

于是，中国的疆域东临大海，西至沙漠。天子的声威教化一起向外延伸到四方荒远的边陲。海洋，因此成为驯服洪水的重要工具，被人类所利用，造福于人类。

与大禹治水的故事相比，八仙过海的传说就浪漫多了。

相传八仙过海时不用舟船，各有一套法术。民间有"八仙过海，各显神通（或各显其能）"的谚语，比喻各自有一套办法，或各自施展本领，互相竞赛。

　　传说吕洞宾等八位神仙途经东海去仙岛，只见巨浪汹涌。吕洞宾提议各自把宝物扔到海里，然后各显神通过海。于是铁拐李把拐杖投到水里，自己立在水面过海；韩湘子、吕洞宾、蓝采和、张果老、汉钟离、曹国舅、何仙姑也分别把自己的横笛、萧、拍板、纸驴、鼓、玉版、竹罩投到海里，站在上面逐浪而过。八位神仙都靠自己的神通渡过了东海。"八仙过海"的神话传说又叫做"八仙过海，各显神通"。

　　妈祖是流传于中国沿海地区的民间信仰，是历代航海船工、海员、旅客、商人和渔民共同信奉的神祇。民间在海上航行要先在船舶启航前祭妈祖，祈求保佑顺风和安全，在船舶上立妈祖神位供奉。

　　妈祖文化始于宋、成于元、兴于明、盛于清、繁荣于近现代，成为海洋文化所特有的现象。明清海禁，泉州港衰落，大批民众为了生计下南洋过台湾，妈祖信仰也随着商人和移民的足迹更为广泛地传播。妈祖由航海关系而演变为"海神""护航女神"

等，因此形成了海洋文化史中最重要的民间信仰崇拜神之一。

妈祖是有真人原型的，其原型叫林默，福建莆田湄洲岛人，福建望族林氏后裔。父林愿（惟悫），宋初官任都巡检，母王氏生一男五女。宋建隆元年（公元960年）三月二十三日生第六女，其出生时红光绕室，异香氤氲。因出生一个多月都听不到啼哭，所以取名为默。林默从小就聪明过人，八岁跟着塾师启蒙读书，不但能过目成诵，而且能理解文字的义旨。长大后，她立志终生行善济人，矢志不嫁，父母尊重她的意愿。她平素精研医理，为人治病，教人防疫消灾，而且急公好义，助人为乐，不断为乡亲排忧解难，做了很多好事，深受人们的爱戴和崇敬。

生长在大海之滨的林默，通晓天文气象，熟习水性。湄洲岛与大陆之间的海峡有不少礁石，在这海域里遇难的渔舟、商船，常得到林默的救助，因而人们传说她能乘席渡海。她还会测吉凶，必会事前告知船户可否出航。

传说林默16岁时，她的父亲与兄长出海经商。一日，林默在家织布，突然闭目神游，脑中出现了海上狂风大作的画面，很快她就面容大变，手拿着梭，脚踏机轴，闭眼冥想，看到父兄遇上了大风浪。母亲见她痛苦不堪，赶忙摇醒她。林默醒来时失手弄掉了梭，她见梭落地，大哭着说："父亲得救，哥哥死了！"不久就有乡民来报，情况和林默说的一样。

经过这次劫难，林默更加致力于保护渔民、船民，她经常驾船守在湄洲岛与大陆之间海峡的礁石附近，帮助、指挥在这海域里遇难的渔舟、商船。有一天晚上，狂风大作，黑浪滔天，船只无法进港，情急之下，林默竟然将自己家的房屋点燃，让熊熊大火为船只引航。另一种说法是罗马商人在泪洲湾秀屿港遇险得到林默的放火烧屋救助。

很快，林默的名声就从莆田传遍了福建，人们都说在湄洲岛上有一位"仙女"，有她的庇佑，出海的人就能时刻避风浪、保平安。因此，渔民、船民们又亲切地称她为"龙女""神女"，传说她能"治瘟疫""降海怪"。

公元 987 年，在一次救援行动中，林默不幸遇难，年仅 28 岁。莆田乡民悲恸不已，都不愿相信"龙女"遇难的消息。于是，就有人说林默没有遭遇不幸，而是羽化成仙，继续在"天上"保佑着海上的平安。

又有传说：公元 987 年九月初八，重阳节的前一天，林默突然向家人告别说，想在重阳佳节爬山登高。当时，家人都以为她要登高远眺。第二天早上，林默焚香诵经之后，告别父母和姐姐，一人直上湄峰最高处。这时，湄峰顶上浓云重重，乡亲们还听到天上有音乐之声，忽见林默白衣飘飘，羽化升天。不久后，有人看到林默穿红衣飞驰在海上，到处救人，便更加相信她得道成仙的传说。

妈祖，海神林默，就这样千百年来被人们广为传颂，从莆田到福建，到中国沿海，再到海外。随着航海业的发展和妈祖影响的扩大，历代朝廷封妈祖为天妃、天后、天上圣母等，共获 36 次褒封，逐步树立了妈祖"海上女神"的崇高地位。如今，全世界已有妈祖庙 6000 多座，信奉者 2 亿余人。这些妈祖庙位于中国、新加坡、马来西亚、法国、美国和日本等全球 28 个国家和地区，串联起海上丝绸之路上的华人信仰。妈祖不仅仅成为千年来中国人心中的海上保护神，更成为将全球华人紧紧联系在一起的文化符号。位于福建省莆田市中心东南部的湄洲岛，也因此被誉为"东方麦加"。每年农历三月二十三妈祖诞辰日和九月初九妈祖升天日期间，福建湄洲岛朝圣旅游盛况空前。

2009 年 10 月，妈祖信仰入选联合国教科文组织人类非物质文化遗产代表作名录。

2. 海洋奥秘

　　海洋是世界上最美丽的景观之一。当我们在海边极目远眺，映照在我们眼中的海洋经常是蓝色的。但当我们把海水放在玻璃容器里，让人感到疑惑的是，我们看到的海水却是无色透明的。这是因为，海水的蓝色是由太阳光的照射造成的。我们知道，太阳光由红、橙、黄、绿、青、蓝、紫七种光线组成，这七种不同的光线照射到海上，会被不同深度的海水所吸收。海水对其中的蓝色光吸收的少，反射的多，所以我们看到的海水就是蓝色的。一般情况下，红色和黄色等色光的波长比较长，比较容易被海水吸收，只有极少部分被水分子和海水中的悬浮颗粒反射和散射。相比之下，蓝色和绿色的色光波长较短，不容易被海水吸收。

　　海水又苦又咸，是不能直接饮用的。造成海水咸味的原因，是海水中的各种盐分。据测算，平均1000克海水中的盐含量高达35克左右。海洋刚形成时，和江河湖泊中的水一样，是淡水。后来，雨

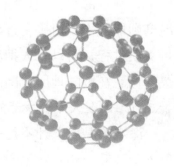

水不断冲刷岩石和土壤，把岩石和土壤里的盐分也一起冲入江河，江河里的盐分随之被带入海洋。海洋中的盐分不断增加，水分不断蒸发，使盐分的浓度越来越高。神奇的是，海洋中的盐分浓度到达一定程度以后，却不会变得更咸，而是把盐分"释放"出来，"归还"陆地。就是说，海洋含盐类的可溶性物质到达一定程度时，会互相结合成不可溶性物质，沉入海洋的底部。另外，海洋中的生物体也会吸收一定的盐类物质，当它们死后，盐类物质随它们的尸体沉入海底。

海水是有温度的，海洋的温度代表着海水的冷热程度，整个海洋里海水的变化幅度大致在 -2℃至30℃之间。在海洋深处，海水温度一般都很低，大约在 -1℃至4℃之间。对世界大洋而言，因时因地而异，有着各种不同的复杂原因。海水的最低温度主要取决于海水的结冰点。因为海水中含有盐分，因此海水的冰点是在0℃以下，并且海水含盐量越高，冰点就越低。海水的最高温度则取决于辐射平衡过程和海水与大气之间的各种热量交换过程，所以有人把海洋温度变化称为地球村的中央空调。在被陆地所包围的海区，海水温度有可能会高于30℃，但在大洋和大部分浅海中，很少有超过30℃的。

海水的温度上升不是一个孤立的现象，它也是全球气候变暖的一部分，海洋会随着全球气候的变暖而变暖。

近百年来，全球气候的不断变暖，将会导致冰川加

速融化，使海平面上升，气候带随之发生移动，使部分地区变干，病虫害增加。因此，防止全球气候继续变暖，将是一个需要世界各国都要付出努力的重要课题。

　　浩瀚的海洋除了以液态形式存在外，还会出现结冰现象。

　　在我国北方，河流和湖泊结冰是比较普遍的现象，但在北半球北纬 60 度以南的海洋表面上，几乎很难见到海水结冰。我们知道，含盐量很高的海水，一般气温情况下不容易结冰，因为海水的结冰点低于淡水。淡水的结冰点是 0℃，而海水中的盐份降低了海水的结冰点。海水中的含盐量越高，海水的结冰点越低。但是并非所有的海洋都不封冻，当冬季气温过低时，海

水会排析出盐分而结冰。像北冰洋是四季冰封的海洋，太平洋北部的白令海、鄂霍茨克海、日本海，太西洋北部的格陵兰海、挪威海、北海和加拿大沿海等海域，冬季都有海冰生成。我国渤海和黄海北部，每年冬季也有不同程度的结冰现象。

海雾是海水另一种形式的存在，它笼罩在海面或沿岸低空时，会对海上交通和海上作业造成很大影响。很多航行的船只因为海雾而迷路，造成搁浅或者发生碰撞，所以又被称为"海上幽灵"。

海雾由海面低层大气中水蒸气凝结而成，一年四季时有发生。由于它能反射各种不同波长的光，所以又像给大海蒙上了一层乳白色面纱。

相比于海洋的各种形态，在海上有时还会出现一种"海市蜃楼"的幻象。

人们在风平浪静的海面航行或者在海边远眺时，有时会看到空中映现出远方船舶、岛屿或城郭楼台的影像。类似的影像也会在沙漠中出现，比如在沙漠中行走的旅人突然欣喜地发现湖水、树木等美丽影像，但是大风一起，这些幻像突然消失的无影无踪。古人当时对这种现象难以解释，认为是传说中的蜃（中国神话传说的一种海怪，形似大牡蛎，也有人说蜃是水龙）吐气形成的，所以叫"海市蜃楼"。实际上，它只是一种因光的折射和全反射而形成的自然现象，是地球上物体反射的光经大气折射而形成的虚像。

3. 海的节日

作为海上第一强国的美国，始终将海洋视为国家繁荣与安全的根本。从独立战争到第二次世界大战，从多次发动全球局部战争到今天的反恐战略实施，航运都发挥了极其重大的作用。为弘扬美国人的航海文化与爱国精神，美国将每年 5 月 22 日为美国国家航海节，每年的航海节都由政府部门牵头，进行隆重的庆祝活动。

美国航海节的来历。为纪念 1819 年 5 月 22 日，第

一艘美国蒸汽机船"萨瓦那"号成功地横渡大西洋，为美国远洋海运事业做出重大贡献。1933年5月20日，美国国会通过联合决议，规定每年5月22日为美国国家航海节。

日本，是一个四面临海的太平洋岛国，山多平原少，火山多，矿藏少，并且经常有台风和地震光顾，其资源匮乏并极端依赖进口，海洋交通对日本具有举足轻重的影响。从小学教育开始，日本国民就被反复灌输"航海是日本的生命线"的观念。日本政府把航海节定在每年的7月20日，要求全体国民在这一天反复思考大海航行对于日本的重大意义。在航海节这一天，日本的海运经营者、港口码头公司、海上旅游业主和日本航海教育界人士常常聚集在一起，认真总结日本在国内外航海实践中的经验与教训，誓言日本必将全力以赴扫除来自于国际社会、地球环境和大自然等方面的一切障碍，确保周

边航海通道畅通，太平无事，以便日本保持繁荣强大。

菲律宾海员给世界各国留下了吃苦耐劳、善于沟通、遵守纪律和诚实团结的印象，在目前全球大约 123 万名在船海员当中，菲律宾海员占了大约 20%。菲律宾政府鉴于菲律宾海员在全球的影响与地位，把每年的 9 月 29 日定为国家海员节，其宗旨是紧密团结菲律宾海员，为菲律宾乃至全世界的航海事业做出更大贡献。自 1997 年以来，菲律宾国家海员节是海内外上百万菲律宾海员及其家属最为激动的日子。

澳大利亚把 9 月 25 日定为国家"航海节"，节日当天在各大港口和城市举办隆重的集会及参观海事博物馆等活动。

瑞典等北欧国家，围绕北欧海盗的辉煌业绩、神话与英雄传说，每年9月举行一次"航海节"纪念活动，通过"航海节"发展旅游，拉动经济。

在遥远的非洲，凡是联合国海事组织正式成员的非洲国家，都把9月26日联合国"世界航海日"作为自己的"航海节"，把海洋航运、内河航运和沿海航运看作非洲对外贸易的重要桥梁，非洲经济发展必不可少的基本条件。

2005年7月11日，是中国伟大航海家郑和下西洋

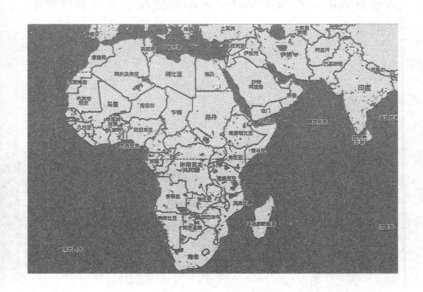

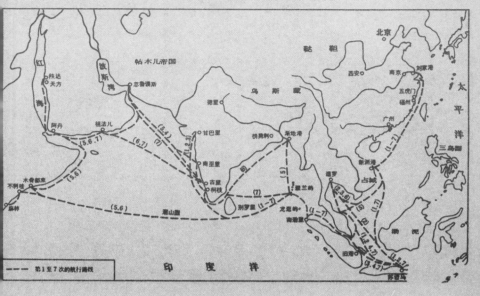

郑 和 下 西 洋 路 线 图

600 周年纪念日。2005 年 4 月 25 日，经国务院批准，将每年的 7 月 11 日确立为中国"航海日"，作为国家的重要节日固定下来。

21 世纪是海洋的世纪。世界选择了海洋，中国选择了世界。走向海洋，走向世界，跟上时代的步伐，我们需要将海洋意识转化为一个民族的自觉行为。

第三辑　海上气象

　　海洋在慷慨无私地给人类提供航行便利、赐予人类以丰富的水产品和食物、食盐的同时，也有其产生破坏性的一面。比如，因海洋和陆地受热不均匀而形成的海陆风虽然可以帮助人类进行航海活动，但也会出现给人类带来灾难的风暴潮等。至于火山喷发和惊天动地的滔天巨浪更是让人望而生畏。发生在海洋上的这些万千气象既蔚为壮观又让人望而生叹，它们共同组成了一道道的无边风景。

1. 潮起潮落

潮汐被形象地称为大海的"呼吸"。海水会按时地涨起来，落下去，落下去，又涨起来。这种海面有规律的起伏，就是大海的"呼吸"。白天的涨落称为"潮"，夜间的涨落叫做"汐"，两者合起来叫作"潮汐"。

潮汐是全球性海水周期性涨落现象，是海水在引潮力作用下形成的。按照万物有引力原理，宇宙中的一切物体之间都存在着互相吸引的力量。月球距离地球最近，对海水运动关系的影响最大。月球和地球在相互吸引的同时，又各自绕地月系统的质心作圆周运动，于是又产生排斥力。当吸引力大时，海水向着被吸引的方向聚集堆积，形成高潮；当排斥力大时，海水却是向着被吸引的反方向聚集堆积，也会形成高潮。在吸引力与排斥力相对方向的中间地带，由于海水被两端拉走，就要慢慢降低，形成低潮。于是，海面就变成和鸡蛋相似的椭圆形状。由于地球每天自转一周，所以在一个昼夜时间内，海水一般有两次涨潮、两次落潮，好像大海均匀而规律的"呼吸"。

当地球、太阳、月球处于一条直线时，就会形成高潮特高、低潮特低的大潮；在上、下弦月时，日、月对地球的引潮力相互抵消，出现小潮。

由潮汐引起的海面高度变化迫使海水作大规模运

月球

地球

动,称为潮流。在平坦的海岸带,潮水的涨落影响范围宽,但在狭窄的海峡、海湾、河口区,潮流会形成汹涌的潮浪。我国有名的钱塘江大潮就是天体引力和地球自转的离心作用,加上杭州湾喇叭口的特殊地形所造成的特大涌潮。有人这样描述钱塘江大潮:潮头初临时,江面闪现出一条白线,伴之以隆隆的声响,潮头由远而近,飞驰而来,潮头推拥,鸣声如雷,顷刻间,潮峰耸起一面三四米高的水墙直立于江面,喷珠溅玉,势如万马奔腾。钱塘观潮始于汉魏,盛于唐宋,历经 2000 余年,已成为当地的习俗。

潮汐因地而异，不同地区经常有不同的潮汐系统。尽管潮汐具有各自的特征，但因为都是从深海潮波获取能量，因而有其规律可循。准确地预报潮汐，可以对军事行动产生巨大影响。

1661年4月21日，民族英雄郑成功率大军进入台湾攻打赤嵌城。鹿耳门水道水浅礁多，不仅航道狭窄而且有荷兰军队凿沉的破船堵塞，所以荷兰军队在这个地方放松了防守。郑成功便乘着涨潮水深并且航道变宽时，率军顺流通过鹿耳门，直奔赤嵌城并成功登陆。

2. 洪波涌动

如果说潮汐是大海的呼吸，那么海浪就是大海的脉搏。从海洋的表面到海洋深处，海水是处于不停地运动之中的。海水的运动形式主要有波浪、潮汐和洋流三种形式。

波浪，也叫海浪，是海水波动的统称。在海风作用和气压变化等影响下，海水原来的波动形式发生了变化，促使它离开原来的平衡位置，发生向上、向下、向前和向后方向的有规律的周期性起伏运动。按照海浪的发生、发展不同，海浪可以分为风浪、涌浪和近岸浪。风浪是在海风直接作用下形成的海水波动现象；涌浪是在风停以后或风速方向发生变化，在原来的海区内剩余的波浪，还有从别的海区传来的海浪；风浪和涌浪传到海岸边的浅水地区就变成了近岸浪。我们经常看到的"惊涛拍岸"就是海浪触底以后，发生的波峰倒卷破碎现象。

洋流又被称为海流，是指海水以相对稳定的流速和流向，从一个海区水平地或垂直地向另一个海区大规模的非周期性地运动。海流有时是风力作用引起的，有时是海水密度分布不均匀引起的，有时则是海水从一个海区向另一个海区流出，而另一个海区海水流来补充形成的。

洋流按照本身与周围海水温度的差异分为暖流和寒流两类。暖流是指洋流本身的温度比周围的海水温度高，

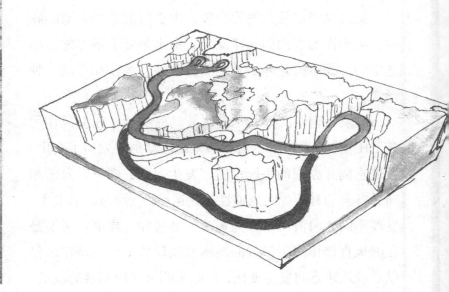

寒流是指洋流本身的温度比周围的海水温度低。北大西洋的湾流和北太平洋的黑潮是最著名的两大暖流。洋流除了暖流和寒流以外，还有升降流。当两股不同方向、不同性质的海流，特别是暖流和寒流相遇时，将会使平静的海面搅动起来，引起海水上下翻腾，就会形成升降流。下层冷水持续或者断续上升到表层的现象，一般称为上升流，相反就叫下降流。

洋流按照流经的地理位置可以分为赤道流、大洋流、极地流及沿岸流等。

洋流除了会影响流经地区的气候外，还对海洋生物分布和渔业生产以及航海产生重要影响。如日本因为"黑潮""亲潮"交会带来丰富的渔群，从而成为重要的渔产国。

3. 风生水起

海洋，有时风平浪静，波澜不兴。有时却又狂风大作，波翻浪卷，咆哮着好像要摧毁一切。变幻莫测的海洋被称为风雨的故乡，海洋的"坏脾气"受风的影响很大。

风的种类很多，主要有信风、台风、飓风、旋风、龙卷风等。

信风，稳定出现，很讲信用。信风在赤道两边的低层大气中，北半球吹东北风，南半球吹东南风，有规

律而且风向很少改变。人类掌握了信风的规律后加以利用，继而进一步帮助人们进行航海活动。古代的商人们经常借助信风进行海上贸易，信风也由此被称为贸易风。中国古人在唐代便已熟知亚洲东南方的信风季风规律。2013年10月7日，习近平主席在亚太经合组织工商领导人峰会上的演讲《深化改革开放 共创美好亚太》中，引用了唐代诗人尚颜《送朴山人归新罗》中的"浩渺行无极，扬帆但信风"两句诗，从中可以反映出我国古人已经懂得利用信风和季风进行海上航行。400多年前，航海探险家麦哲伦带领船队顺利地到达亚洲的菲律宾群岛，也是信风帮了大忙。在人类很长的一段历史时期，海上信风一直是人类航海的主要动力来源，有人还曾形象地把一段时期称为"帆船时代"。

但是，不是所有的风都像信风一样可以利用，有的风一出现就会给人类带来巨大灾难，比如飓风。

在赤道的洋面上，炎热潮湿的空气迅速上升，四周的冷空气不断地补充注入。在这个过程中，所形成的旋涡状气团，不断运动着出现。在旋涡的中心附近，最大持续风力达到12级或12级以上的热带气旋，就是飓风。飓风的风速可以达到每秒32.6米以上。飓风出现，往往是狂风暴雨，横扫一切。飓风所释放出的能量，可以瞬间将房屋和建筑摧毁。

与飓风相比，台风就显得温柔多了。

台风，是发生在西太平洋和中国南海的强热带气旋，

风力减弱后即将登陆的飓风。虽然台风被称为世界上最严重的自然灾害之一，会对海洋上的舰船、岛屿和靠近海洋的陆地产生危害，但也会有一些益处，比如它带来的降雨会为台风经过地区提供淡水资源，能够驱散赤道地区的炎热，起到降温作用，为地球调节温度。

　　伴随着飓风产生的，还有龙卷风。飓风可以在一天之内释放出惊人的能量，但龙卷风是瞬间爆发，最长也不会超过几小时。龙卷风在出现时，往往有一个或数个如同"大象鼻子"样的漏斗状云柱，同时伴随狂风暴雨、雷电或冰雹。龙卷风经过水面时，能吸水上升形成水柱，然后同云层相连接，俗称"龙取水"。

4. 惊天动地

俗话说水火不相容，但也有例外。海底火山就是大自然的杰作，海底火山在浸没的海水中喷发出来，形成一道令人瞩目的奇观，神奇地将水与火融合在一起。

1963 年 11 月 15 日,在北大西洋冰岛以南 32 千米处，海面下 130 米的海底火山突然爆发,第二天人们发现从海里突然长出来一个小岛，就在人们担心小岛会被海浪吞没时，但火山不停地喷发，溶岩大量涌出，小岛不但没有消失，反而在不断地扩大长高，苏尔特塞岛就这样形成了。

海底火山喷发之后形成的山体，如果顶部高出海面很多，任凭风吹浪打都不会发生变化，就形成了真正的海岛，而那些略高于海面的山头，在海浪的冲刷之下，就成了海底平顶山。

海底火山，是在浅海和大洋底部形成的火山，包括死火山和活火山，分布极为广泛，它喷发的熔岩表层在海底被海水急速冷却，有如挤牙膏状，但内部仍是高热状态。据统计，全世界共有海底火山约 2 万多座，太平洋占了一半以上。这些火山中有的已经衰老死亡，有的正处在年轻活跃时期，有的则在休眠。现有的活火山中，除少量零散在大洋盆外，绝大部分在断裂带上，呈带状

分布，统称海底火山带。

　　美国的夏威夷群岛也是大自然的杰作，群岛面积1万多平方千米，岛上有居民10万余人，气候湿润，森林茂密，土地肥沃，盛产甘蔗与咖啡，山清水秀，有良港与机场，是旅游的胜地。这里有5个火山，其中最著名的活火山冒纳罗亚火山海拔4170米，它的大喷火口直径达5000米，经常有红色熔岩流出，为夏威夷群岛平添了一道景观。

　　在大洋深处，比火山喷发更为剧烈的是海底地震。海底地震是地下岩石突然断裂而发生的急剧运动。海底地震的发生会造成地面裂缝、塌陷，喷水冒砂等灾难，从地心冒出很多有害气体，会对海洋生物造成严重危害，还会破坏人类铺设的海底光缆。

无论是海底火山喷发还是海底地震，都会以惊天动地的气势掀起滔天巨浪，引发海啸。由地震引发的海啸，是指海底地层发生断裂时，部分地层猛然上升或者下沉，从海底到海面的整个水层都发生振动，产生惊人能量。相比之下，只在海面起伏的海浪就微不足道了。海啸引发的巨浪最高可达几十米，海啸能在历经几千千米之外而势头和力道不减。如果海啸冲上岸边，将对陆地上的一切造成严重伤害。2004 年 12 月 26 日发生的印度洋的海啸，曾席卷印度尼西亚、马来西亚、泰国、印度和斯里兰卡等国，遇难者近 30 万人，造成约 100 万人流离失所、无家可归。

第四辑　生命之海

　　关于地球生命最早出现的时间和起源，由于化石记录不完整已不可考。但有一点科学家们可以肯定，那就是地球生命最早形成于古代海洋当中。也就是说，海洋不仅是生命的母体，而且是生命进化的温床。

1. 生命的摇篮

　　海洋不仅是风雨的摇篮，而且也是地球万物生存的保障。我们知道，只有氨基酸才能孕育出生命。也就是说要证明地球生命起源于海洋，必须要证明海洋中有氨基酸的来源和存在这个条件才行。科学研究表明，宇宙尘埃中的大量有机分子和陨石中的氨基酸坠入海洋，经海水和阳光的共同作用下，经过长期演化，在海洋中形成了最初的生命。在格陵兰、南非地层中发现存在三十几亿年前微生物化石，以及近年来在南极深海 6438 米处上千种新物种的发现，都充分证明地球生命起源于海洋。

　　海洋，生命的摇篮。海水，名副其实的"生命培养汤"。

2. 海洋生态系统

海洋生态系统是海洋中由生物群落及其环境相互作用所构成的自然系统。

海洋和陆地各自都有一个生态系统，并且每个生态系统都存在生态平衡。

在一个生态系统之中，各种对立因素因为互相制约而达到相对稳定平衡。如，麻雀吃果树害虫，麻雀又被猛禽猎食，三者之间的数量在自然界达到一种相对的平衡。在海洋这个巨大的生态系统里面，也存在一种平衡。由于海洋生态系统过于繁复和庞大，于是科学家们根据海洋生物距离海岸的远近和地形、深度的变化进行区别，划分成不同的生态区域：与陆地交界的海岸带、水深200米以内的浅海带、从海洋深处过渡到光亮区的上涌带、巨大开阔海域的远洋带和珊瑚礁生态系统。

海岸带生态系统的主要组成是大红叶藻、海带、昆布、褐带菜等和以滤食碎屑食物为主的植食性桡足类动物以及固着生活为主的贝类。

浅海带生态系统的组成是硅藻、褐甲藻等浮游植物和虾、桡足类的水蚤等植食性动物。

上涌带生态系统主要由以海藻为食的贝类和群居生活的硅藻组成。

远洋带生态系统主要包括极小浮游生物、大浮游动

物、鱼和大肉食类动物。

珊瑚礁生态系统主要以藻类和腔肠动物共生为主。

3. 海洋里的动物

浩翰的海洋哺育了形形色色的海洋动物，更创造了神奇的海洋动物世界。海洋动物主要由海洋无脊椎动物、海洋原索动物和海洋脊椎动物三大类组成。

海洋无脊椎动物种类、门数最为繁多，占海洋动物的绝大部分。主要的门类有：原生动物、海绵动物、腔肠动物、扁形动物、纽形动物 、线形动物、环节动物、软体动物、节肢动物、腕足动物、毛颚动物、须腕动物、棘皮动物和半索动物等。

无脊椎动物

海洋脊椎动物

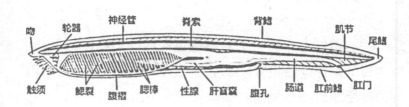

海洋原索动物是介于海洋无脊椎动物与海洋脊椎动物之间的一类动物。原索动物均系海产，包括尾索动物，如海鞘；头索动物，如文昌鱼。过去属于原索类的半索动物，现多数学者主张归入无脊椎动物。

海洋脊椎动物包括依赖海洋而生的海洋鱼类、爬行类、鸟类和哺乳类。属于海洋鲸目哺乳类动物的海豚非常聪明，经过训练，不仅可以表演顶球、钻火圈等各种技艺，而且可以担负起背负炸弹炸毁敌方舰艇的任务。

4. 海洋里的植物

海洋植物有海洋世界的"肥沃草原"之称，是自然界赋予地球和人类的财富，海洋是鱼、虾、蟹、贝、海兽等动物的天然"牧场"。

海洋植物可以简单地分为两大类：低等的藻类植物和高等的种子植物。海洋植物以藻类为主。

海藻是海洋生物中的一个大家族。从显微镜下才能看得见的单细胞硅藻、甲藻，到高达几百米的巨藻，有8000多种。根据海藻的生活习性，人们习惯把海藻分为底栖藻和浮游藻两大类型。

鹿角菜　马尾藻　石茂　紫菜　海带　裙带菜　石花菜

浮游藻：浮游藻有着扇形、星形、椭圆形、树形等各种奇形怪状的样貌，只能漂浮或悬浮在水中作极微弱的游动，是一种具有叶绿素、能够进行光合作用、并生产有机物的生物。

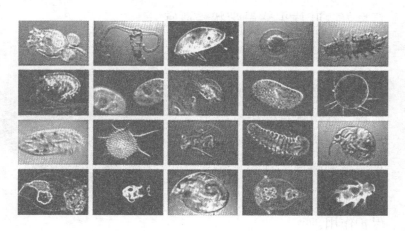

底栖藻：顾名思义，底栖藻是栖息在海底的藻类，不光有着带子、绳子、树枝等奇形怪状的形态，而且颜色也绚丽多彩，比如绿藻、褐藻、红藻等。底栖藻有很强的生命耐受力，可以在退潮时适应暂时的干旱和冬季的暂时冰冻，等到海水涨潮，可以重新开始生长。

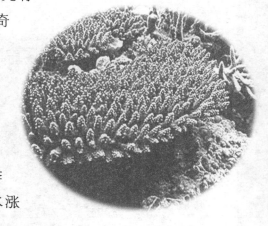

　　海洋种子植物的种类不多，只知有 130 种，都属于被子植物。可分为红树植物和海草两类。它们和栖居其中的其他生物，组成了海洋沿岸的生物群落。

　　海草：海草生活在温带海域沿岸的浅水中，根茎发育良好，叶片柔软呈带状，适宜于海底动物生存。

　　红树林：红树是木本植物，红树林是红树组成的树林。红树林生长在热带海洋潮间带，对调节海洋气候和防止海岸侵蚀可以起到保护作用。

74

第五辑　海洋宝藏

　　海洋是人类的宝藏库。浩瀚的海洋里蕴藏着丰饶的宝藏，激励着人类不断走向海洋。丰富多样的海洋资源，是一个名副其实的"聚宝盆"。海水中贮存的热量，溶解于海水中的化学元素和淡水，波浪、潮汐、潮流等所产生的能量，海底所蕴藏的资源，特别是锰结核等各种固态矿物，以及在深层海水中所形成的压力差及海水与淡水之间所具有的浓度差等等，这些与海水水体及海底、海面本身有着直接关系的物质和能量都可以为人类所用。

1. 水资源

浩瀚的海洋不仅方便着人们的航运交通，而且为我们提供了取之不尽用之不竭的宝贵资源。单是海水淡化一项，就可解决全球 1 亿多人的供水问题。目前，世界上约五十分之一的人口靠海水淡化解决饮用水问题。

海水淡化，是指从海水中获取淡水的技术和过程。海水淡化看似很简单，似乎是将咸水中的盐与淡水分开就行，其实海水淡化是个复杂的过程。人们比较常用的方法是蒸馏法和冷冻法。蒸馏法是将水蒸发而盐留下，再将水蒸气冷凝为液态淡水；冷冻法是把液态的淡水变成冰，从而把盐分离出来。但这两种方法都会消耗许多能源。随着科技的发展，人们发明了高分子材料膜的反渗透法和新的蒸馏法，使得海水淡化的产量和效率大大提高。目前，全世界海水淡化日产量为 3500 万立方米左右。

海水直接利用，可以作为工业用水和生活用水直接替代淡水、解决沿海地区淡水资源紧缺问题，包括海水冷却、海水脱硫、海水回注采油、海水冲厕和海水冲灰、洗涤、消防、制冰、印染等。

海水是名副其实的液体矿藏，平均每立方千米的海水中有 3570 万吨的矿物质，世界上已知的 100 多种元素中，80% 可以在海水中找到。海水还是陆地上淡水的来源和气候的调节器，世界海洋每年蒸发的淡水有 450 万立方千米，其中 90% 通过降雨返回海洋，10% 变为雨雪落在大地上，然后顺河流又返回海洋。

广袤无垠的大海中，还养育着丰富的药材。各类繁多的海洋生物，就是永不枯竭的医药来源。除《中华人民共和国药典》所收载的海藻、瓦楞子、石决明、牡蛎、昆布、海马、海龙、海螵蛸等 10 余种，还有玳瑁、海狗肾、海浮石、鱼脑石、紫贝齿及蛤壳等。经海洋药物研究所研制开发的许多海洋新药，在取得良好的临床效果的同时，也取得了良好的社会效益和经济效益。如"降醣素"和"PS"是以海带为原料生产的，其中所含甘露醇和烟酸制成的甘露醇烟酸片，具有降血脂和澄清血液作用；用合浦珍珠贝生殖巢制成的"珍珠精母注射液"，治疗病毒性肝炎总有效率达 75%；用太平洋侧花海葵生产的"海葵膏"，可用于治疗痔疮；以鱼油生产的"多烯康胶丸"具有降血脂、抑制血小板聚集及延缓血栓形成等作用。海洋药物中所含的活性物质，具有明显的抗癌、抗肿瘤作用。此外，用海洋生物制成的海洋保健食品，也广受人们欢迎。

2. 矿产资源

矿物是由于地质作用而形成的天然单质或化合物，

有稳定的化学成分和内部结构，以固态形式表现出来。

按照矿物资源形成的海洋环境和分布特征，海洋矿产资源主要包括滨海矿砂、海底石油、磷钙石和海绿石、锰结核和富钴结核、海底热液硫化物、天然气水合物等。其中，海底油气矿藏是最重要的传统海洋矿产资源，被称为"工业的血液"。据科学勘察和估算，世界海洋石油储量约为1350亿吨，占世界可开采石油储量的45%左右。

滨海矿砂是指在滨海的砂层中蕴藏着的大量稀有矿物，如金刚石、砂金、砂铂、石英以及金红石、锆石、独居石、钛铁矿等，其价值仅次于石油、天然气。

从金红石和钛铁矿中提取的钛，因其比重小、强度大、耐腐蚀、抗高温等特点，经常被应用于导弹、火箭和航空工业。锆石的耐高温、耐腐蚀和热中子难穿透等特点，适用于铸造工业、核反应、核潜艇等方面。滨海矿砂中所含的稀有元素，被大量应用于军事领域。目前在我国近海能够大规模开发利用的矿产资源主要为石油和天然气、滨海砂矿两大类。

1873年，英国"挑战者"号环球考察船在大西洋海底首次采集到多金属结核。多金属结核多分布在4000至6000米深海底，含有铜、钴、镍、锰、铁等70多种元素。由于它的主要成分是锰和铁，所以人们经常称之为"锰结核"。据科学家们分析估计，世界洋底多金属结核资源为3万亿吨，仅太平洋就达1.7万亿吨。并且，海底的多金属结核是可以不断生长的，仅太平洋海底每年就要新生成 1000 万吨的多金属结核，其生长速度比人类的消费速度还快。

在深深的海底，还存在着一种新型能源。1974 年，美国地质工作者在海洋中钻探时，发现了一种看上去像普通干冰的东西，并且意外地点燃了它。冰居然可以燃烧，于是就有了"可燃冰"这一形象的名称。"可燃冰"并不是普通意义上的冰，而是一种由水与天然气相互作用形成的晶体物质，真正的名称是"天然气水合物"。当它从海底被捞上来时，具有冰的外形，但很快就成为冒着气泡的泥水了，而那些气泡就是甲烷气。可燃冰不仅可燃，而且具有极高的热值，其能效是煤的 10 倍、常规天然气的 2 至 5 倍。按照世界石油资源的消耗速度，再过半个世纪将消耗殆尽。而天然气水合物的发现，将成为人类的新型能源。

据科学家测算，全球天然气总储量达 10 万亿吨，是全球煤、石油和天然气总和的 2 至 3 倍，其储量之丰富，足够人类使用 1000 年，因而被各国视为未来石油天然气的替代品。

经初步勘察，在我国的东海、南海、青藏高原和黑龙江

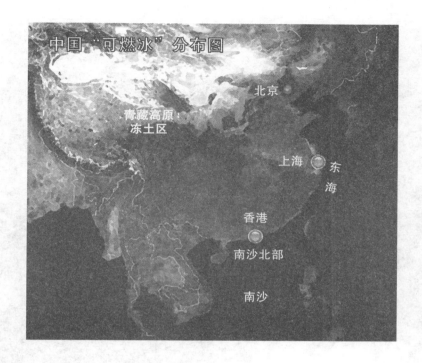

中国"可燃冰"分布图

北京

青藏高原
冻土区

上海　东
　　　海

香港

南沙北部

南沙

都可能存在可燃冰。

2000年底，我国在南海发现巨大的可燃冰带，总储量估计可抵得上我国石油总储量的一半。

2007年，我国在南海神狐海域首次采集到了天然气水合物实物样品。

2008年11月，国土资源部在青海省祁连山南缘永久冻土带成功钻获天然气水合物实物样品。

……

在海洋矿产资源中，深海热液也在日益成为人类

关注的海底矿藏。深海热液是大陆板块与海洋板块之间的火山口，有200多米高，形状与烟囱几乎一模一样，其附近的温度高达400℃，因而被称为"黑烟囱"。深海热液是海水侵入海底裂缝，受地壳深处热源加热，溶解地壳内的多种金属化合物，再从洋底喷出的烟雾状的喷发物冷凝而成的，并可沉淀出含有铜、锌、铅、金、银等多种元素的硫化物，所以深海热液又被称为"热液硫化物"。

3. 食物资源

　　海洋不仅可提供大量的食物，而且海洋生物具有独特的营养价值，含有多种生物活性物质，越来越多地成为人类保健食品、海洋药物的重要来源。海洋中所含的储量丰富的食物资源，每年可产出鱼、虾、蟹、藻类、贝类等水产品大约30亿吨，相当于陆地产出食物资源的三分之一，能满足300亿人的蛋白质需要。

　　鱼类资源是海洋生物资源中最重要的一类，近年来世界野生鱼类的捕鱼量大约为9000万吨左右。

　　软体动物资源是鱼类以外最重要的海洋动物资源，占海洋渔业捕获量的7.0%。

　　甲壳动物资源在海洋渔业捕获量中仅占5%，但其经济价值很重要。虾、蟹的市场价格超过鱼类的很多倍，因而受到重视。

哺乳类动物包括鲸目（各类鲸及海豚）、海牛目（儒艮、海牛）、鳍脚目（海豹、海象、海狮）及食肉目（海獭）等。其皮可制革、肉可食用，脂肪可提炼工业用油。其中鲸类年捕获量约 2 万头。

海洋植物以各类海藻为主，主要有硅藻、红藻、蓝藻、褐藻、甲藻和绿藻等 11 门，其中近百种可食用，还可从中提取藻胶等多种化合物。

4. 旅游资源

　　尽管海洋在发怒的时候让人望而生畏，但瑰丽奇绝的海洋风光一直吸引着众多目光，被人欣赏，让人难舍。古代人以诗歌形式对海洋的赞颂络绎不绝，他们把观海、泛舟、渡洋、弄潮、采珠等活动作为时尚。现代人则热衷于发展海洋旅游事业。当前，以出售"5S"为核心的滨海休闲娱乐产业正方兴未艾。"5S"的意思是Sunshine(阳光)、Seabeach(沙滩)、Seawater（海水），Seafood(海鲜)、Seasports(海上运动)，它们共同成为海洋旅游资源要素。如，西班牙人以出售阳光和沙滩闻名，

每年旅游外汇收入高达 100 亿美元。美国从游钓业中获利巨大。世界上其他的沿海国家纷纷投资建设海洋公园，像澳大利亚的"大堡礁"，其面积已高达 3 万平方千米。

此外，海洋也在日益成为各种体育运动的新场所。早在 1896 年，第 1 届奥运会就把帆船列为正式竞赛项目。潜水兴起于 18 世纪的法国，进入 20 世纪 30 年代，潜水已成为世界性室外活动。

第六辑　保卫海洋

从古至今，人类从未停止过认识海洋探索海洋、争夺海洋的脚步。有争夺就会有战争。所以，海防是一个关乎民族兴衰、国家安全和强国未来的大问题。

我国的海防自古有之，兴衰交替，饱经沧桑。中国近代史里因为海防之门洞开而被动挨打的案例比比皆是。

21世纪是海洋的世纪，围绕着海洋权益的争夺仍会不断加剧。保卫海洋，不仅需要海权意识，还需要强大的国力。保卫海洋，需要每一个中国人用知识来武装自己，以实际行动来保护海洋，保卫我们蓝色的国土。

1. 树立正确的国土观念

在日本的国情教育中，曾经有过这样的话："我们没有土地，没有资源，只有阳光、空气和海洋。"和日本不同，我国疆域海陆兼备，既是一个陆地大国，又是一个海洋大国。作为一个海洋大国，我国的大陆海岸线长达 18000 千米，所属岛屿超过 6000 个。根据《联合国海洋法公约》的有关规定和我国的主张，我国拥有 300 余万平方千米的可管辖海域，包括渤海、黄海、东海、南海以及台湾以东太平洋五大海区。也就是说，我们既有土地、资源，又有阳光、空气和海洋。所以，我们应该更加珍惜和热爱她。

国土，是指一个主权国家管辖范围内的全部疆域。在长期处于农业文明或以农业文明为主的国家，国家所拥有的土地或陆地很容易成为国土的代名词。

在国土方面，我国向东是海洋，西南是高山，北方是茫茫大漠，中间是辽阔的平原。这样的地理环境为古代中国奠定了以农耕文明为主的自然条件。由于中国古人不需要争取陆地以外的资源就可以生活得很好，所以天生缺乏向海洋方面进取的动力。哲学家黑格尔曾经远距离观察中国，并且下结论地说："这个帝国自己产生出来，跟外界似乎毫无关系，这是永远令人惊异的。"在他看来，海对中国人来说只是陆地的中断，海就是天

国地图

图 例

北京　首都

天津　省级行政中心
　　　（外国首都，首府）
秦定　国界
　　　省、自治区、
　　　直辖市界
　　　特别行政区界
　　　地区界
　　　军事分界线

1 : 30 000 000

中国地图（总面积 1260 多平方公里）

中国地图测绘局，http://bzdt.nasg.gov.cn/?ref=qqmap

的尽头，他们和海不发生积极的关系。的确，历史上，中国曾经出现过以陆地面积代替国土面积的情况。

随着海洋时代的来临，世界各国无不把目光投向海洋。自从海洋成为世界各国争夺的焦点，围绕海洋上的纠纷与争议就再也没停止过。

人们在海洋上的活动和各国对海洋提出的各种权利要求，在海洋上形成一定的法律关系，这些关系需要海洋法则来调整。第二次世界大战结束后，联合国十分重视构建海洋法公约。为建立世界海洋资源开发利用和管理的法律新秩序，1982 年，第三次联合国海洋法会议正式通过了
《联合国海洋法公约》，并于 1994 年生效。《联合国海洋法公约》是历史上第一个全面的海洋法法典，标志着国际海洋法进入一个新的发展阶段。

《联合国海洋法公约》使国土的概念发生了极大变化。国土不仅仅指领土，而且也包括了领海以及受"特定法律制度限制"的其他管辖海域如毗连区、大陆架和专属经济区。于是，"海洋国土"的概念形成了。

海洋国土，是指沿海国家和群岛国主权范围内全部海域的海床、底土和领海上空，包括内海水、港口、毗连区、专属经济区、大陆架等。

2. 版图中的蓝色

我们要彻底告别那种以陆地面积代替国土面积的错误认识，并且要牢牢记住：中国除了拥有960万平方千米的陆地国土，还有约300万平方千米的主张管辖海域。

【面积】我们的国土面积是陆地加海洋，即960万陆地面积与300万平方千米主张管辖海域相加，共约1260万平方千米。

【版图】中国的版图形状是陆地和海洋合在一起的火炬形状而不是陆地国土的雄鸡形状。

【内容】我国可管辖的海域包括内水、领海、毗连区、用于国际航行的海峡、群岛水域、200海里专属经济区和大陆架。

内水：根据《联合国海洋法公约》，内水是指沿海国领海基线向陆地一侧的水域，包括沿海国的河流、湖泊、运河和沿岸的河口、港口、海湾、海峡、泊船处、低潮高地等内水海域（即内海）。

内海：指一国领海基线以内的全部海域，包括领海基线以内的海港、内海湾以及其他领海基线与海岸之间的海域。渤海湾和琼州海峡属于中国的内海。

领海：领海是沿海国主权管辖下与其海岸线或内水相邻的一定宽度的海域。领海的上空、海床和底土均属

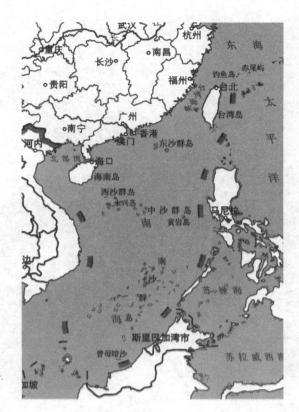

中国地图测绘局，http://bzdt.nasg.gov.cn/?ref=qqmap

于沿海国主权管辖。中国的领海宽度是 12 海里。

中国的领海由渤海（内海）和黄海、东海和南海三大边海组成，大陆海岸线长 1.8 万多千米，内海和边海的水域面积约为 470 万平方千米。

渤海是中国最北的近海，也是中国最浅的半封闭性内海。

黄海是我国大陆与朝鲜半岛之间的陆架浅海，因海水呈黄褐色而得名。

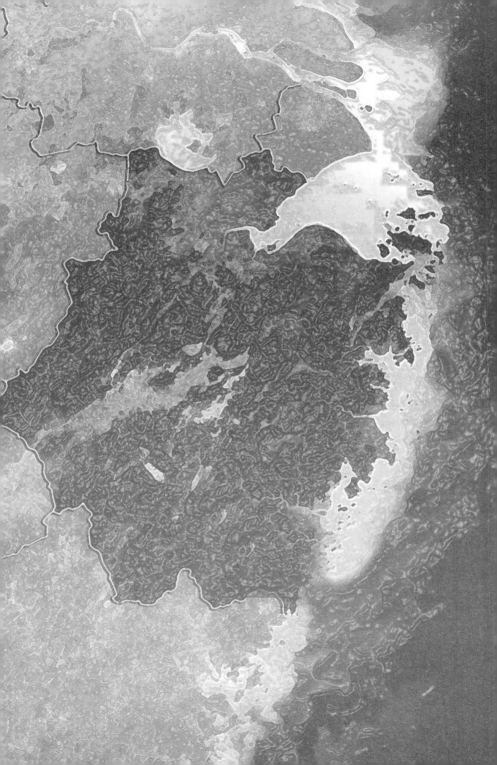

东海，中国三大边缘海之一，我国陆架最宽的边缘海，是四大海区中海岛数最多的，主要有台湾岛、舟山群岛、澎湖群岛、钓鱼岛等分布在该区。

南海是中国近海中面积最大、水最深的海区。中国从汉朝就逐步完善了对南海、特别是南沙诸岛礁以及相关海域的管理，至今已有2000多年。

著名的南海九段线，一直以来都是中国政府主张其在南海各项权益边界的依据。在中国地图上，我们可以看到，有一条明显的断续国界线像围栏一样包着我国的南海，这条线通常被称为传统南海海域疆界线，简称九段线。 1947年，当时的中国政府内政部方域司在其编绘出版的《南海诸岛位置图》中，以未定国界线标绘了

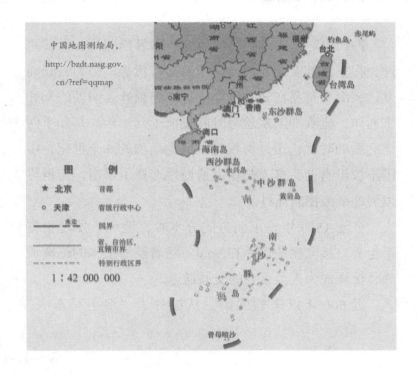

一条由 11 段断续线组成的线。中华人民共和国成立后，经政府有关部门审定出版的地图在同一位置上也标绘了这样一条线。

毗连区：是指领海之外毗连领海的一个区域，从测算领海宽度的基线量起，不超过 24 海里。

专属经济区：是指领海之外并邻接领海的一个区域，其宽度从领海基线量起不应超过 200 海里。

大陆架：是海岸向海延伸到大陆坡为止的比较平坦的海底区域。

3. 海洋上的追逐

古代中国，曾以高超的航海技术纵横四海，远涉重洋，在东亚甚至南亚海域保持着海权优势，势力兴旺而发达，海外贸易在宋元时期到达辉煌顶峰。明朝的郑和下西洋，比欧洲国家航海时间提前了几十年。郑和下西洋之后的时代，正是海权竞争最为激烈的 5 个世纪，中国不仅没有迎头赶上却令人遗憾地选择了退出，与世界发展的潮流擦肩而过。

公元 1500 年是东西方的分水岭，地理大发现把整个世界直接紧密的联系在一起。随着航海技术的逐渐成熟，海洋成为人类重要的交通通道。

近 500 年以来的强国，从被称为"海上马车夫"

的荷兰开始，由葡萄牙、西班牙、法国、英国、德国、日本乃至现在海上霸主地位的美国，无一例外地拥有向海外开拓的历史。历史证明，所有现代强国都是海洋国家。

西方殖民主义国家强烈的海洋意识中，天生带有野蛮、侵略、掠夺和扩张的成分。

初期的海权竞争，主要靠战争。

第二次世界大战以后的海权竞争，主要靠政治、外交、军事和法理等多方面的斗争。

通过第二次世界大战，美国成为世界上最大的海权国家。第二次世界大战以后，虽然没有发生过大规模的海上战争，但争夺海洋控制权的角逐却一刻也没有停止过。

1945 年 9 月 28 日，美国总统杜鲁门发表《杜鲁门公告》(Truman Proclamation)，宣称："处于公海之下但毗连美国海岸的大陆架底土和海底的自然资源属于美国，受美国的管辖和控制。"这一公告成为沿海国家单方面对其领海范围之外的大陆架提出的第一个权利主张。

在《杜鲁门公告》的影响下，相当一部分国家都提出了类似的权利主张，而且其要求大大超越了美国的权利声明。至 20 世纪 50 年代，已经约有 30 个国家仿效美国，单方面对其管辖范围之外的海底区域提出了权利主张。

美国的这一举动引发世界新一轮的"圈海运动"，成为一场没有硝烟胜过硝烟的斗争。

1958 年，联合国在日内瓦召开第一次海洋法会议，

86 个国家派代表参加讨论，制定了《领海与毗连区公约》《公海公约》《公海捕鱼与养护生物资源公约》和《大陆架公约》。因为条约反映的是少数西方国家的利益和主张，违背了濒海一些中小国家的意愿，所以不断受到质疑。

1960 年，联合国在日内瓦召开第二次海洋法会议，因为分歧严重，没有产生任何实质性成果。

1973 年 12 月 3 日，经过一段较长时间的酝酿，联合国第三次海洋法会议在联合国总部美国纽约拉开序幕。我国以全权代表身份全过程参加了第三次联合国海洋法会议，并在表决《联合国海洋法公约》时投了赞成票。会议围绕领海、海峡、大陆架、专属经济区、群岛国、岛屿制度等一系列问题，展开了一系列的辩论，甚至是针锋相对的斗争。发达国家与发展中国家，海洋大国与别的国家，沿海国家与内陆国家，资源输出国家与资源消费国家在会议上，都想得到更多的海洋权益。

第三次联合国海洋法会议被认为是世界上开得最长的"马拉松会议"。从 1973 年 12 月 3 日到 1982 年 12 月 10 日，整个会议持续了 9 年多时间，先后召开了 11 期 16 次会议，《联合国海洋法公约》才最终得以签字通过。

《联合国海洋法公约》标志着新的国际海洋法律制度的确立和人类和平利用海洋、全面管理海洋新时代的到来。按其规定，世界各国合法扩大的管辖海域达 1.3 亿平方千米，世界海洋的 35.8% 被置于沿海国的管辖控制之下。

但是，《联合国海洋法公约》是国与国之间既斗争又妥协的产物。任何一项国际法的制定，在解决原有的矛盾和争端的同时，又会潜伏和产生新的矛盾和争端。甚至有评论认为，在会议开始的同时，新的一轮海洋大战又开始了。比如，大陆架方面，有些沿海国家不管是否跟海岸线相对或相邻国家重叠，甚至属不属于自己国家的大陆架，都擅自抛出自己的主张。还有，在专属经济区方面，也有一些沿海国家不顾《联合国海洋法公约》的规定，擅自划分自己的专属经济区，出现了很多新的纠纷和冲突。另外，岛屿的争端也在加剧。

为了抢夺海洋资源，日本还在冲之鸟礁意图"围礁造岛"。

冲之鸟礁是距日本列岛以南2000千米的太平洋上一个只有几平方米的岩礁，涨潮时离海面只有45厘米，两块光秃秃的珊瑚礁，长度不足5米，即使退潮时也只有十几米。自20世纪80年代起，日本不惜投入巨资围礁造岛，其真实意图是为了以所谓的岛提出43万平方千米的管辖海域主张，进而将海防前哨向前推进2000千米。2009年9月11日，日本向联合国提出南太平洋大陆架延伸申请，中国随即向联合国正式提交反对意见，中国外交部也对日本的此类行为进行了抗议。因为冲之鸟是岩礁不是岛屿，不能供人类居住，也无法维持经济生活，以礁为基点设立大陆架没有任何根据。

可以想见，未来围绕海洋权益引发的争端和纠纷仍

将继续。

~~~~~~~~~~~~~~~~~~~~

4. 保卫蓝色国门

~~~~~~~~~~~~~~~~~~~~

　　海洋是一个国家的前哨和门户，在防止敌人从海上入侵、捍卫国家主权方面具有重要的战略作用。海防安全事关国家生存、发展和民族尊严。在近现代中国历史上，对中国国防安全威胁最早也是最大的几次入侵，几乎都来自海上，并迫使中国由背对海洋转为面向海洋。据统计，1840年到1945年，中国曾遭受西方列强海上入侵470多次，较大规模入侵达84次。

　　因此，为了防备敌人从海上入侵，我们一定要建设强大的海军。

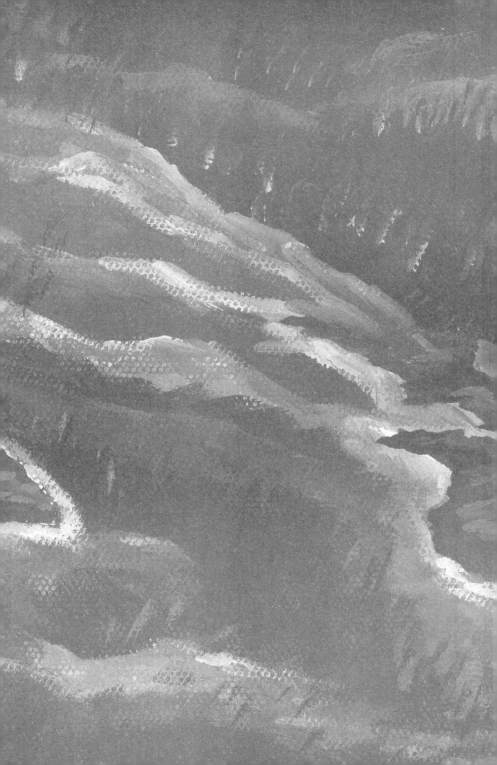

　　1949 年 4 月 23 日，我军第一支海军部队——华东军区海军在江苏泰州白马庙成立，张爱萍任司令员兼政治委员，标志着人民海军的诞生。

　　自 1949 年 4 月 23 日中国人民解放军海军正式成立，我人民海军经历了从无到有、从小到大、从弱变强的过程，发展到现在由水面舰艇、潜艇、航空兵、岸防兵、陆战队等兵种和各专业部队组成，具有水上、水下和空中独立作战能力的强大海军力量。

　　史载：1950 年 3 月 17 日，肖

劲光到刘公岛视察。但没有过海的船只，只好向当地渔民租借。渔民难以置信："你是个海军司令，还要租我们的渔船？"肖劲光百感交集，对随行人员说："记下来，1950年3月17日，海军司令肖劲光坐渔船视察刘公岛。"

2015年12月24日，海军辽宁舰（航空母舰）在渤海某海域进行舰机融合训练，新一批歼-15舰载战斗机飞行员驾机完成触舰复飞、阻拦着舰等多个科目训练，为人民海军发展历史揭开了新的篇章。

5.维护海洋权益

《联合国海洋法公约》的生效，使人类对海洋的管理使用开发变得有章可循，世界从盲目的以武力威胁式的占领、管理使用和开发海洋，转为适当

地合作和妥协，按照法律和规则维护自己的海洋权益。因为《联合国海洋法公约》在一些问题上的规定较为原则，存在着模糊性，加上还有部分国家尚未批准《联合国海洋法公约》，所以在世界大多数国家按照《联合国海洋法公约》来分割属于自己的海域时，也出现了一些沿海国家之间的争端和纠纷。

在地理位置上，我国单面向海，在发展全球性海洋事业方面，不如两面濒临印度洋、太平洋的印度，三面濒临北冰洋、大西洋、太平洋的美国、加拿大、俄罗斯等国家自然条件好。我国濒临的广阔海域，除了渤海是我国的内海，黄海、东海、南海都是太平洋的边缘海，加上岛链阻隔，不利于我海军在太平洋的兵力展开。

在外部环境上，我国的海上邻国众多，与朝鲜、越南、韩国、日本、菲律宾、马来西亚、文莱、印度尼西

亚8个国家海域相连，存在着海洋划界和海洋权益纠纷、岛屿主权争端等问题。

在黄海海区，我国与朝鲜、韩国有着约3万平方千米海域的划界争议。

在东海海区，日本一直对我国固有领土钓鱼岛提出无礼要求并进行争夺。如果失去钓鱼岛，将一同失去以钓鱼岛为中心的几十万平方千米的专属经济区的管辖海域。

【资料】钓鱼岛，又称作钓鱼山、钓屿、钓台或者是钓鱼台岛，是位于中国东海钓鱼岛及其附属岛屿的主岛，距浙江省温州市约358千米、距福州市约385千米、距台湾基隆市约190千米，面积4.3838平方千米，周围海域面积约为17.4万平方千米，最高点海拔约362米，被誉为"深海中的翡翠"。

在南海，有越南、新加坡、马来西亚、印度尼西亚、菲律宾 5 个国家与我国存在领海争端。南海位于太平洋和印度洋之间的航运要冲，在经济、国防上都具有重要意义。南海共由西沙群岛、东沙群岛、中沙群岛和南沙群岛 4 组群岛组成。目前，南沙群岛 50 多个可以住人的小岛或浅礁中，共约 40 多个岛礁被其他国家所侵占。其中，越南侵占 29 个岛屿和珊瑚礁、菲律宾侵占 9 个岛屿、马来西亚侵占 5 个岛屿、文莱侵占 1 个岛屿。

在内部统一问题上，台湾的地理位置决定了捍卫国家统一的问题主要在海上。因为历史原因，台湾至今没有实现完全统一。

按照《联合国海洋法公约》和大陆架的相关制度规定，我国 300 万平方千米的主张管辖海域，有 120 余万平方千米海域因划界分歧产生争议。破解海上争议难题将是一个长期的过程。

由于《海洋法公约》对内水、领海、临接海域、大陆架、专属经济区、公海等重要概念做了界定，因此在处理各国在领海主权、海上天然资源和污染管理等问题上具有重要的指导和裁决作用。

中国海洋法律制度的发展深受国际海洋法律制度的影响，经历了从无到有，逐渐完善的过程。中华人民共和国成立后，海洋法律制度迅速发展，一大批海洋法律先后颁布，并制订了配套法规。

根据所调整法律关系的重要程度不同，中国的海洋法律制度可分为基本海洋法律制度和具体海洋事务制度两个方面。具体海洋法律制度又分为海域使用管理制度、海洋环境保护制度、海洋资源开发等制度。

维护国家海洋利益，需要坚定不移地进行海上执法。我海上执法力量已经强化在海上的常态化存在，继续巩固钓鱼岛、黄岩岛、仁爱礁、北康和南康暗沙等海域专项维权执法成果，切实维护领海基点安全，坚决维护国家海洋权益。

1987 年，中国进驻南沙永暑礁。

1990 年，"向阳红 5 号"船首次巡查三沙诸岛。

2007 年，全海域定期维权巡航。

2012 年，我国对钓鱼岛、黄岩岛进行常态化巡

航……

2015 年 10 月 27 日，中国外交部发言人陆慷就美国拉森号军舰进入中国南沙群岛有关岛礁邻近海域答记者问时指出：

10 月 27 日，美国拉森号军舰未经中国政府允许，非法进入中国南沙群岛有关岛礁邻近海域。中方有关部门依法对美方舰艇实施了监视、跟踪和警告。美方军舰有关行为威胁中国主权和安全利益，危及岛礁人员及设施安全，损害地区和平稳定。中方对此表示强烈不满和坚决反对。

【资料】海上维权执法的主要手段：当发现可疑船只时，锁定目标，跟踪监视；对进入中国领海的船只，进行驱赶和警告，必要时可以扣留，并进行处罚，严重的要给予起诉。

6. 龙腾入海

龙，是中华民族的图腾和象征。

龙，以蓝色大海为基调，统领四海，凌驾于大地之上，其中蕴含着中华民族的祖先走

辽宁舰航母编队驶入南海

向海洋、利用海洋和征服海洋的实践与期盼。

龙归大海，方能尽显其威。

中华民族要重新走向海洋，需要摆脱有形和无形的各种束缚，包括别国强加给我们的岛链。

岛链一词，由美国前国务卿杜勒斯提出，它既有地理上的含义，又有政治军事上的内容。用途是围堵亚洲大陆，对亚洲大陆各国形成威慑之势。

1951年1月4日，时任美国国务院顾问的约翰·福斯特·杜勒斯提出："美国在太平洋地区的防御范围应是日本—琉球群岛—台湾—菲律宾—澳大利亚这条岛链线。"这是美国最早关于"岛链"的概念雏形。

1955年2月，升任美国国务卿的杜勒斯对"岛链"的概念作了进一步阐述，称台湾"构成了太平洋西部边缘所谓'岛屿锁链'中的重要环节"。这是西方国家第一次正式提出"岛屿锁链"，即"岛链"的概念。

从20世纪50年代末起，"岛链"的提法开始在我国被沿用。21世纪以来，我海上力量的不断发展和维护海洋权益任务的日益加重，"第一、二岛链"被赋予更加明确含义，并在许多领域得以广泛使用，有的甚至还提出"第三岛链"概念。

第一岛链：全长约5700余千米，北起日本的九州岛，南至马来半岛的帕纽索普角，共有岛屿2万多个，整个岛链呈东北—西南走向。岛链上的主要国家和地区有：

韩国、日本、我国的台湾省、菲律宾、印度尼西亚、文莱、马来西亚和新加坡。

第二岛链：北起日本本州岛东南岸，南至印度尼西亚的马鲁古群岛；整个岛链由1000多个岛屿组成，绵延4400多千米。"第二岛链"的核心关岛有美军在西太平洋最大的海空军基地。

第三岛链：主要由夏威夷群岛基地群组成。

因第一岛链距离中国只有160千米，因此被看做是遏制中国海军向大洋发展的战略阵线。如果中国海军不能进入远洋发展，就只能在近海活动。而且，在第一岛链的"封锁链条"中，我国的台湾岛是其中最为关键的一环。台湾岛是东海与南海的咽喉战略通道，具有极其

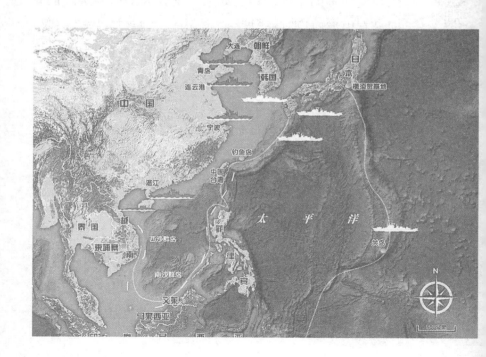

特殊的战略地位。

海权首先从属于商业，而现代海军又伴随着国际贸易的出现而出现。中国有着漫长的海岸线，中国的海外利益已遍及全球。目前，中国的海外市场、经济利益和能源需求在不断拓展与增长，需要与之相符的海军保障能力。打破岛链封锁，建设海洋强国，建立一支与国家地位相适应的强大海军，是维护中国国家海洋权益的现实需要。

建设海洋强国，就要走向世界、奔流入海。出海口是一个国家走向世界的重要通道。平时，出海口是从事海洋运输的航道，战时，出海口就是封锁与反封锁、包围与反包围的生死之门。如果一支强大海军要走向世界而没有出海口，那只能是"有海无洋"，或者望"洋"兴叹，难以实现海洋强国的梦想。这样来看，加强出海口建设是海洋强国建设的一个重要内容。

【资料】中国最北面的出海口在吉林省图们江口，由此通向日本海。历史上，中国曾是日本海沿岸国，1860年，沙俄强迫清政府签订《中俄北京条约》，把黑龙江口至图们江口间约40万平方千米的中国领土割给俄国；1886年10月，清使吴大澂在与俄签订《珲春东界约》中，肯定了中国有从图们江口出海的权利。此后，直至1938年50多年间，中国每年有1000多艘船只从图们江口进出日本海；1938 年日军封锁了图们江口，从此中断了中国由此出海的权力。1992 年 3 月，《中苏东段边界协定》正式生效，中国沿图们江口的出海权得到了恢复。

7. 重现灿烂的文明

古代中国，有过远去的辉煌。古老的海上丝绸之路自秦汉时期开通以来，一直是沟通东西方经济文化交流的重要桥梁，并成为古代中国与世界其他地区进行经济文化交流交往的海上通道。

古代海上丝绸之路是由当时东西海洋间一系列港口网点组成的国际贸易网。它形成的主要原因是中国南方沿海山多平原少，内部往来不易与海路的便捷交通形成鲜明的对比，而维持地方统治需要海外资源交易，加上东南沿海可以借助夏冬季风助航更增加了海路的方便性，因此古代中国沿海很多地方都借助海上通道进行对外贸易，他们从广州、泉州、杭州、扬州等沿海城市出发，从南洋到阿拉伯海，甚至远达非洲东海岸。

"海上丝绸之路"在唐宋时期最为繁盛，宋末至元代时，泉州成为中国第一大港，与埃及的亚历山大港并称"世界第一大港"，后因明清海禁而衰落。中国泉州市因此成为联合国教科文组织唯一认定的古代中国"海

上丝绸之路"的起点。明清海禁，广州长时间"一口通商"，成为世界海上交通史上长盛不衰的大港。

"海上丝绸之路"与西汉张骞开通西域的官方通道"西北丝绸之路"、由北向蒙古高原再西行天山北麓进入中亚的"草原丝绸之路"、从西安到成都再到印度的山道崎岖的"西南丝绸之路"一起被统称为"丝绸之路"。"丝绸之路"曾经成为连接世界古代文明发祥地中国、印度、两河流域、埃及以及古希腊、罗马的重要纽带。这条漫漫长路上也留下了出使西域的张骞，投笔从戎的班超，永平求法的佛教东渡，西天取经的玄奘等影响深远的故事传说。

2013年10月，习近平总书记访问东盟国家时提出

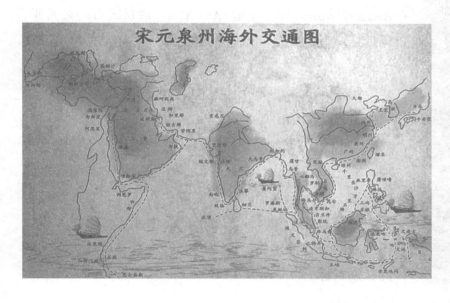

宋元泉州海外交通图

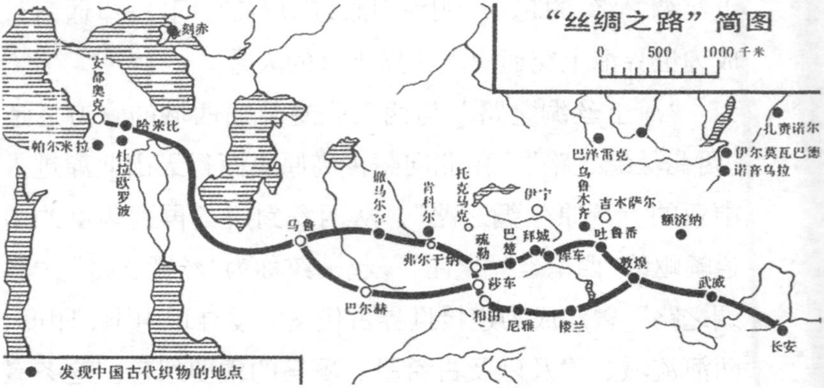

"丝绸之路"简图

发现中国古代织物的地点

建设"21世纪海上丝绸之路"的战略构想，得到了国际社会的高度关注和重视。

东盟。东南亚国家联盟 (Association of Southeast Asian Nations)，简称东盟 (ASEAN)。成员国有马来西亚、印度尼西亚、泰国、菲律宾、新加坡、文莱、越南、老挝、缅甸和柬埔寨。

2015年，"21世纪海上丝绸之路"构想进入实施阶段，将为世界文明作出新的贡献。

21世纪海上丝绸之路的战略合作伙伴并不仅限于东盟，而是以点带线，以线带面，增进同沿边国家和地区的交往，将串起连通东盟、南亚、西亚、北非、欧洲等各大经济板块的市场链，发展面向南海、太平洋和印度洋的战略合作经济带，以亚欧非经济贸易一体化为发展的长期目标。

由于东盟地处海上丝绸之路的十字路口和必经之地，将是新海丝战略的首要发展目标，而中国和东盟有着广泛的政治基础，坚实的经济基础，21世纪海上丝路构想符合双方共同利益和共同要求。

这条21世纪海上丝绸之路和丝绸之路经济带简称为"一带一路"。其目标是要建立一个政治互信、经济融合、文化包容的利益共同体、命运共同体和责任共同体，是包括欧亚大陆在内的世界各国，构建一个互惠互利的利益、命运和责任共同体。

其中：

丝绸之路经济带圈定：新疆、陕西、甘肃、宁夏、青海、内蒙古、黑龙江、吉林、辽宁、广西、云南、西藏、重庆13省区市。

21世纪海上丝绸之路圈定：上海、福建、广东、浙江、海南5省市。

一带一路共圈定18个省、自治区、直辖市。

丝路新图：泉州—福州—广州—海口—北海—河内—吉隆坡—雅加达—科伦坡—加尔各答—内罗毕—雅典—威尼斯

8. 准备一份合格的海洋答卷

海洋文明，多被评价为领先于人类社会发展的文明。

标注说明：
◆ 丝绸之路经济带沿线地区：22个，包括西安、甘肃、新疆、哈萨克斯坦、乌兹别克斯坦、土耳其等
◆ 21世纪海上丝绸之路沿线地区：16个，包括福州、厦门、广州、云南、印度尼西亚、菲律宾、马尔代夫等
◆ "一带一路"核心延伸区-国内：主要涉及13个城市，包括浙江、山东、吉林、宁夏、四川等
◆ "一带一路"核心延伸区-国际：主要涉及6个国家，包括俄罗斯，澳大利亚，法国，苏丹等

海洋文明是没有长度和尽头、天生富有活力的文明，海洋文明同时得益于海洋文化。

古代的海上丝绸之路足以证明中华民族是内陆文明和海洋文明两种文明并存，并不是单一的陆地文明。因海洋而富强的齐国曾经有过辉煌的繁荣。后来，因齐国被秦国灭亡，中华民族的陆地文明逐渐压倒海洋文明，海洋文明和海洋文化遂被冷落在中国正史的一角。中华民族曾经以海纳百川的胸怀创造了融黄河文明、草原文明与海洋文明于一体的华夏文明。今天，我们要做的，就是寻找失落的文明。

历史浩荡流转，中华民族在海洋上几度兴衰。中华文明历数千年而不绝，有赖大海作为屏障。古代中国开创过航海史上的辉煌，但近代中国却又疏离海洋、丢失海洋。历史多次告诫我们，失去了海洋就会失去发展的空间。

进一步关心海洋、认识海洋、经略海洋，推动海洋强国建设不断取得新成就，是习近平总书记发出的时代号令。

海洋是我们流动的国土，是国家的安全屏障，是中华民族未来发展不断拓展的空间，是国家经济和能源、资源的重要基地，是今后国家生存和发展的生命线，也

是未来世界强国争夺的焦点。历史证明，所有现代强国都是海洋国家。要推动海洋强国建设不断取得新成就，实现从一个海洋大国成为海洋强国的转变，必须要拥抱海洋、亲近海洋。

关心海洋认识海洋，才能经略海洋。增强海权意识和海防观念，是实现中国梦、强海梦的坚实基础。

面对时代，大海就是我们奔跑的方向。

面对未来，我们需要将海洋意识转化为一个民族的自觉行为。

面对海洋，我们需要准备一份合格的答卷。

后 记

一

好朋友总是在对方需要的时候出现，平时则有如老死不相往来。我和林风谦就是这样。

20 世纪 90 年代，我和风谦成为军校的同窗好友。毕业后，我们像蒲公英一样被各自的理想吹落在海军扎根，后来又以不同的方式告别军旅。

2015 年国庆期间，我和风谦在青岛见面，得知风谦即将从海军石家庄舰政委的岗位上退出现役，他说要听从自己内心的召唤，转业从事自己所喜欢的公益事业。重要的是，他始终不能忘情于海洋，常常感叹："在我们国家，海洋教育简直太缺乏了。缺乏到许多人只知道我们国家有 960 万平方公里陆地国土，却不知道我们还有 300 多万平方公里管辖海域……"于是，转业之后，他一头扎入自己喜欢的公益事业中，"拥抱海洋——青少年海洋国防意识培育"自然成为他公益活动中的一个

重要内容。当时，他已经与一群退伍转业军人，用业余时间走进校园，广泛开展这项活动并深受师生欢迎，目前该项目先后获得2015年山东省首届志愿服务项目大赛银奖、2016年青岛市十佳青年公益项目、2017年中国青年社会组织公益创投大赛山东站三等奖。

宣传海洋，讲述关于海洋的故事，一两次演讲可以用自己的经历作为素材，时间久了，就需要用系统的海洋知识作教材。在酒精的作用下，我和风谦一拍即合：咱们以青少年为主，编写一套海洋教育读本吧。

于是，就有了这套书。

二

如果想要走向海洋，就必须科学地认识海洋。我们所有的海洋知识都从历史中得来，得益于航海先驱们的正确经验，他们关于海洋的所有记忆都是留给我们的宝贵财富。

但是，关于海洋的文章浩如烟海，无法全部用于普及教育，必须有所选择，有所取舍。我们决定把这套海洋教育读本分成三卷本，一卷介绍海洋知识，一卷记录航海英雄们走向海洋的过程，另一卷讲述发生在海洋上的主要战争。这个三卷本的写作并非完全是文学意义上

的创作，而是像一本叫《金蔷薇》的书中记述的"我们，文学家们，以数十年的时间筛取着数以百万计的这种微尘，不知不觉地把它们聚集起来，熔成合金，然后将起锻造成我们的'金蔷薇'——长篇小说、中篇小说或者长诗。"我们仿照这个过程，努力地筛取与海洋有关的微尘，聚集能够为我所用的有价值的文字。

知识的获得从来都是一个接力的过程。

致力于海洋方面的研究是一个接力过程，对于海洋的宣传教育也是个接力的过程。我始终觉得，我们有责任把无数专家学者的研究所得推荐给越来越多的人，让他们的研究所得甚至是毕生心血不至被湮没。另外，

我们注意到，研究方向越集中，研究越深入，越容易有新的发现。在这个挖掘过程中，旧的发现很容易被新的发现所掩埋。我们要做的，是尽量把价值的东西呈现给大家。

传播海洋知识，我们决心努力接过手中的这一棒。

令我们欣慰的是，在我们发起的这次海洋教育公益活动中，有许许多多的人和我们在一起奔跑。在这套海洋教育丛书撰写工作即将完成之际，风谦在腾讯发起众筹的同时，也通过朋友圈向同学、朋友进行宣传，把募集经费的过程作为一次海洋教育的过程。大家的关注和无私捐助使我们深受感动。感谢爱基金理事艾红学使图书有了一个明确定位，感谢爱基金会长陈立刚、理事朱军和快乐沙爱心帮扶中心爱友宫钦良、孙春英等的鼎力相助，感谢快乐沙"拥抱海洋讲师团"各位成员在项目上的辛苦付出，也感谢我的家人给予我的支持，帮我搜集资料、提出修改建议。

三

为了让大家易于也乐于接受，使亲爱的读者诸君看起来更直观一些，我们在第一卷《海洋广角》里面插入了大量的插图，不少是请我的中学同学、美术教师陈朝银先生专门绘制的；另外两册，则以照片为主。其中有青岛摄影家宋德芬免费提供的，也有我去海滨城市和海

战场遗址现场拍摄的。

在制作方面，年轻的设计师胡长跃先生非常用心，充分地加入自己的理解。他认为，知识之树常青，故《海洋广角》的封面基调应该是偏于青色和蓝色的；航海带来的是成就和荣耀，故《航海英雄》封面基调可以是黄色的；战争是血与火的洗礼，所以《海上战争》应该是红色的。善哉斯言。

在这套书即将出版之际，感谢海洋出版社邹华跃主任、赵武编辑的努力和辛勤劳动，感谢所有关心关注我们这次公益活动的参与者、捐助者和亲爱的读者诸君。希望有越来越多的人加入我们的行列。让我们一起拥抱海洋、奔向海洋。

海洋大讲堂——海洋广角

海洋大讲堂

航海英雄

展华云　林风谦　著

海洋出版社

2018年·北京

图书在版编目（CIP）数据

海洋大讲堂 / 展华云，林风谦著．
— 北京：海洋出版社，2018.7
ISBN 978-7-5210-0144-0

Ⅰ．①海… Ⅱ．①展… ②林… Ⅲ．①海洋 – 普及读物 Ⅳ．① P7-49

中国版本图书馆 CIP 数据核字 (2018) 第 155760 号

海洋大讲堂

HAI YANG DA JIANG TANG

作　　者：展华云　林风谦

责任编辑：赵　武　黄新峰

责任印制：赵麟苏

排　　版：胡长跃

出版发行：海洋出版社

发 行 部：（010）62174379（传真）（010）62132549
　　　　　（010）68038093（邮购）（010）62100077

总 编 室：（010）62114335

承　　印：北京朝阳印刷厂有限责任公司

版　　次：2018 年 7 月第 1 版第 1 次印刷

开　　本：889mm×1194mm　1/32

印　　张：17.75

字　　数：340 千字

全套定价：68.00 元

地　　址：北京市海淀区大慧寺路 8 号（100081）

经　　销：新华书店

网　　址：www.oceanpress.com.cn

技术支持：（010）62100052

目录

写在前面

海洋，始终青睐那些立志远行的人。同时，海洋也以其独特的魅力吸引着勇敢的探索者们。

从"大航海时代"开始，关于海洋的奥秘不断被航海者刷新。1492 年到 1504 年，哥伦布横渡大西洋，发现了美洲；1498 年，达·伽马到达印度，开辟了印欧航线；1519 年至 1522 年，麦哲伦船队实现环球航行，发现地球是一个球形，世界大洋是连续而贯通的；1768 年至 1779 年，库克完成环南极航行，获得了第一批海洋科考资料。

这些立志在海洋上远行的人，不仅为后来的航海者开辟了道道航迹，而且也激励着越来越多的人走向海洋。

人类对海洋的利用由个体的渔盐之利、舟楫之便发展到大规模的航海探险活动，也就越来越依赖于团体的分工协作。一艘用于远洋的船舶由甲板部、轮机部等多部门组成，由多种驾驶（发动）系统、航海仪器设备组成。船舶的动态操作、靠离港、抛起锚等作业，都要在甲板部和轮机部人员的全力配合下才能完成。为保证船舶顺利航行，需要全体船员风雨与共的团结协作。

当航海发展成为一种科学行为，人类在海洋上才走得越来越远。科学是使人的精神变得勇敢的最好途径。

风起云涌的海洋，为航海者提供了广阔的舞台。

历史上，中国社会长期以农耕文明为主导，海洋经常被冷落在历史的角落里。但是那些立志远行的人，他们抛弃了耕读传家的传统，义无反顾地走向海洋，把航线开辟得又远又长。从春秋战国时期越人主动横渡台湾海峡，到西汉开辟的海上丝绸之路，从新中国"光华"轮第一次远洋航行，到"雪龙"号多次赴南极创下的科考纪录，无不体现着航海人的海洋精神，无不证明着中国的航海历史。随着他们走向海洋，为中国的航海历史，也为世界海洋文明书写了浓墨重彩的一笔。

中国是一个陆海复合的国家，也是一个有着18000多千米大陆海岸线的海洋大国。中国要做一个称职的海洋大国，绝不能忽视对海洋的开发。

中国是一个海洋大国，但还不是一个海洋强国。

21世纪是海洋的世纪。世界选择了海洋，中国选择了世界。也就是说，要真正成为一个海上强国，需要全民族的选择和努力。

要把几千年来从不间断的航海事业发展下去，实现海洋上的强国梦想，未来中国需要越来越多在海洋上远行的人。

引　言

　　海洋文明是人类在海洋镌刻的勋章。

　　人类摆脱了风浪、险滩、暗流等自然条件的限制，在勇敢地走向海洋的同时，也进一步推动了文明的进程。

　　在海洋文明的发展过程中，成就海洋文明辉煌的一个重要原因就是发达的航海贸易。

　　古代的海上贸易，曾经出现过这样的片断：迦太基人（也就是腓尼基人）和利比亚人在发展海上贸易时，渡海来到交易地点，把货物从船上卸下，在沿海岸边摆好，然后点燃火堆，回到船上。利比亚人看到烟火升起的信号，来到海岸边挑选货物。如果对货物满意，他们会选择留下一堆黄金后离开走进树林里。这时，迦太基人就下船查看黄金，认为价钱合适、可以交易，就会带上黄金扬帆远去。如果不满意，就会上船再等。也就是说，买卖双方，一方在同意成交时才会去取黄金，另一方在船上的人带走黄金后才去拿货物。至此，一桩交易就算完成。

航海，使得古希腊、古罗马文明不断向四周扩散，使地中海、红海、黑海以及大西洋沿岸的众多民族受到文明的洗礼。海上贸易带来的巨大利益，使商人们不避海路艰险，长年漂泊于海上。

除了利益，还有什么能让这些商人和航海者们冒着生命危险，敢于离开自己熟悉的海域去陌生的海区探险呢？人类初期的航海行为，无异于今天的太空旅行。翻开众多航海者们的历史记录，利益和梦想，伴随着欲望与荣耀跳跃而出。在欧洲名族当中，费勒家族通过航海找到了黄金，维瓦尔第家族通过航海找到了香料，塞维利亚的拉斯·卡萨斯家族和佩雷斯家族则通过航海得到了奴隶。航海者们希望通过航海攫取千金，成为异国的领主或者成为国王。这些世俗的动机激励着他们勇敢地驾驶着风帆，走向茫茫无际的海洋。

1. 古埃及人的航海探索

古埃及人生活在尼罗河谷及其三角洲一带，尼罗河为埃及人造就了肥沃的尼罗河平原，古埃及人最初以农耕生活为主。稳定的农耕生活是可以做到自给自足的。但是，古埃及人要建造金字塔，需要大量的岩石、木材等建筑材料，而这恰恰是古埃及所缺少的。古埃及当时的地理形势是，东有利比亚沙漠，南有努比亚沙漠，西有阿拉伯沙漠，交通非常不便，古埃及人只有把目光投向北部的地中海，海那边或许有他们需要的东西。于是，古埃及人建造了埃及桨帆船，沿着地中海东岸行驶，开始了人类早期的航海活动。后来，他们如愿以偿地从西

古埃及人在尼罗河边收割小麦想象图

奈半岛运回了砂岩、铜矿石，从黎巴嫩、叙利亚运回了雪松和橄榄油。

埃及法老们凭着从海外贸易中得来的巨大利益过上了奢华的生活，所谓欲壑难填，法老们难以满足的欲望使他们在发展对外贸易的同时开始凭借武力进行掠夺。到了后期，埃及为了发展海外贸易，法老们不惜耗费大量人力物力，在尼罗河与红海之间凿开了一条运河，使地中海与红海的海路连接在一起，反过来又促进了航海的发展。

2. 长于航海的腓尼基人

"腓尼基"是古代希腊语，意思是绛紫色的国度，源于腓尼基人居住地方特产的一种紫红色颜料。

腓尼基地处地中海东岸、黎巴嫩山脉以西。腓尼基人祖祖辈辈以捕鱼为生，是地地道道的"海上民族"。

腓尼基因其处于埃及、美索不达米亚、小亚细亚、希腊等许多古国商队的交通枢纽处，所以优越的地理位置造就了腓尼基人，使他们拥有了经验丰富的海员和最先进的海船。他们不仅能造出一般船只，而且能建造可以出海的大船。腓尼基的航海家能够在大西洋中探险远航，可以利用日月星辰导航。

腓尼基人凭借其高超的航海技艺在地中海和爱琴海上建立了一个个基地，作为他们的制造业和商业的据点。在当时，腓尼基商人的足迹遍及地中海各个海港。腓尼基人因此被称为古代最伟大的商人和水手。

根据古希腊大史学家希罗多德的记述，公元前600年一支腓尼基人的船队曾经成功地做过环绕非洲大陆的航行。他们所行的路线是：从红海出发南下，绕过好望角，后经直布罗陀海峡进入地中海返回出发点。据学者们分析，他们这次航海活动是受古埃及法老尼科二世委

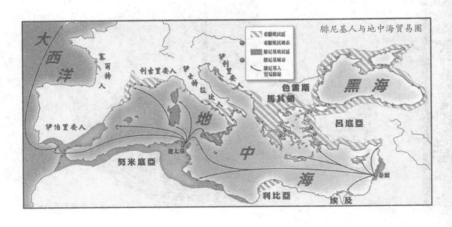

腓尼基人与地中海贸易图

托。这位埃及国王雇用和委托具有高超航海技能的腓尼基人，是为了寻找一条能够环绕非洲大陆航行的新航线，而腓尼基人也正好有这个想法。于是，双方一拍即合。

腓尼基人因此建造了最好的海船，挑选了最有经验的海员，组成了远洋探险船队，开始了航海探险的新征程。但这次航海探险比预想的还要艰险，当远洋船队的粮食吃完了，就登陆上岸，把早就准备好的种子播撒在耕耘过的土地上，耐心地等待庄稼成熟，变成粮食，储存在船上，继续航行。等到粮食再吃完，就再找陆地播种，

克里特和腓尼基人的船

用这种"接力"的方式继续他们的远航。他们沿着陌生的航线，到达了非洲大陆的最南端，这里的海面波涛汹涌、西风强劲，在海岸边的桌状平顶山脚下的风浪尤其猛烈，连极富航海经历的腓尼基人也都胆战心惊，最终他们还是经受住了考验，通过了"好望角"这个世界上最危险的航海地段。

绕过"好望角"进入大西洋，沿着海岸向北行驶，经历了3年漫长的海上航行，腓尼基人从大西洋又回到了他们所熟悉的地中海，完成了首次环绕非洲大陆的航行，开拓了连接红海与地中海的新航线，翻开了世界航海史的新篇章。

在腓尼基人成功完成环绕非洲大陆的航海探险300年后，迦太基将军汉诺受此影响，又进行了一次大规模的开辟西非航线的海洋探险航行。他组织了一支拥有60艘大型桨帆船和几千名船员的庞大船队，踏上了开辟西非航线的探险之旅。汉诺的船队由直布罗陀海峡驶出，

迦太基将军汉诺雕塑

进入大西洋，来到非洲西海岸，最远到达塞拉利昂。在汉诺回到迦太基城之后，他将自己的航海见闻以腓尼基文写成游记，印刻在石碑上，成为最早的出于一位探险家笔下的探险报告。据说，由他写成的航海日志，曾经悬挂在巴力神庙中。

航海先驱们最终用他们的非凡经历证明，"大陆环绕

海洋"的观点是错误的,人类眼中的世界也不是天圆地方。

3. 古希腊人的航海远征

与三面都是沙漠的古埃及不同,希腊的东西南三面濒临地中海,是个典型的海洋国家,有着众多的岛屿、半岛和港湾。古希腊人一直倚海谋生。

在遥远的古希腊,人们通常把下海寻求生计的男子称为"海盗"。当时的海盗是和游牧、狩猎、耕种、捕鱼并列的基本谋生手段,并不是个贬义词。

古希腊早期的航海掺杂着出海打劫的成分,第一个带着武器出海的人,既能防御也能打劫,海盗活动并不

被认为是犯罪或者可耻的事。

公元前 9 世纪前后，古希腊人跟随腓尼基人学习航海和造船技术。但是，腓尼基人将他们的地理知识视为商业秘密，希腊人从他们那里学到的很少。所以，当腓尼基人商业繁荣的时候，希腊人在地中海并没有什么作为，而是充当着"不守法"的海上商人的角色。

天地出版社出版的
《荷马史诗》

即使这样，在文明的起源上，希腊一点也不比腓尼基差。作为欧洲文明发祥地的希腊，有着悠久历史和灿烂文化，曾留下了《荷马史诗》的故事和众多的神话及英雄传说。古希腊人的航海探险故事也一直广为流传。在希腊神话故事寻找金羊毛的传说中，那艘名为"阿尔戈"（意为轻快的船）的帆桨船被认为是古希腊航海文明的起源，是希腊人驶向大海的第一艘大船。

《荷马史诗》插图

[资料] 金羊毛的故事简介

传说中的金羊毛被看作稀世珍宝，许多英雄和君王都想得到它。金羊毛，不仅象征着财富，还象征着冒险和不屈不挠的意志，象征着理想和对幸福的追求。无数英雄豪杰为了得到它而踏上艰险的路程，从没有人能成功，但英雄伊阿宋仍然决心得到金羊毛。

伊阿宋是国王埃宋的儿子。后来，埃宋的弟弟珀利阿斯篡夺了王位。埃宋死后，他的儿子伊阿宋逃到半人半马的肯陶洛斯族人喀戎那儿，喀戎把伊阿宋训练成为一个英雄。

伊阿宋在 20 岁时，动身返回故乡，要向珀利阿斯讨回王位继承权。但狡猾的珀利阿斯告诉伊阿宋，自己愿意把权杖和王位让出来，但要伊阿宋替自己做一件事，就是要他到科尔喀斯的国王埃厄忒斯那儿，取回金羊毛。

其实，珀利阿斯的真实用意是要他冒险身亡。伊阿宋欣然答应了这次任务。希腊著名的英雄们都

伊阿宋雕像

被邀请参加这一英勇的盛举。希腊最优秀的船匠阿尔戈在智慧女神雅典娜的帮助下，用在海水中永不腐烂的木料造成了一条华丽的大船，它可以容纳50名桨手，并取造船者的名字而命名为"阿尔戈"号。

后来，经过千辛万苦，伊阿宋终于得到了金羊毛。

虽然古希腊人在远洋航行方面比不上腓尼基人，但希腊人强烈的求知欲和好奇心仍然使他们在世界历史中卓尔不群。公元前4世纪的古希腊航海家、马赛人皮忒阿斯就是一个代表，他从小就对海洋产生了兴趣，海员和商人的经历又使他痴迷上了航海探险，走上航海探险之路。

皮忒阿斯驾舟从希腊当时的殖民地马西利亚（今法国马赛）出发，沿伊比利亚半岛和今法兰西海岸，再沿大不列颠岛的东岸向北探索航行到达粤克尼群岛，并由此折向东到达易北河口。

皮忒阿斯的航海探险被认为是西方最早的海上远距离航行，他是第一个有据可查的访问过不列颠的文明人。

4. 地中海上的征服

古代的地中海是一片繁忙之海。航海活动、海上贸易和海上抢掠与战争相继在这里上演。为了获取更多的经济利益，地中海地区的许多国家或民族都发展起了自己的海上武装，地中海地区因而成为世界历史上最早的

海军诞生地。

　　罗马和迦太基为了争夺地中海的霸权，双方从公元前3世纪中期到公元前2世纪中期曾经断断续续地交战了近百年，史称"布匿战争"。战争初期，罗马以强大的陆军取胜，没用多长时间就几乎占领了整个西西里岛，但迦太基却在海上取得了胜利。罗马人很快意识到，要想与迦太基在海上争霸，没有一支强大的海军是不行的。古罗马政治家西塞罗曾断言："谁能控制海洋，谁就能控制世界"。罗马人意识到这一点后，便抓紧海军建设，很快组建了一支强大的舰队。

　　最终，罗马人战胜北非强国迦太基，接管了整个地中海。

布匿战争中迦太基的覆灭

5. 多副面孔的维京人

他们是航海家,是出色的水手,但又干着海盗的勾当。他们是英勇的战士,却扮演着侵略者的角色。此外,他们还是出色的商人。

他们是一个战斗的民族,他们有一个共同的名字,维京人。今天生活在斯堪的纳维亚及其附近的丹麦人、瑞典人和挪威人,在8世纪之前被统称为维京人。

维京人泛指北欧海盗,曾一度控制了波罗的海沿岸、俄罗斯的内陆、法国的诺曼底、英国、西西里、意大利南部和巴勒斯坦的部分地区。

在古代,维京人几乎就是海盗的代名词。他们从公

维京海盗

元 8 世纪到 11 世纪一直侵扰欧洲沿海和英国岛屿，其足迹遍及从欧洲大陆至北极广阔的疆域，以血腥的海上屠杀和抢掠令整个欧洲闻风丧胆。

维京人的祖先最早是生活在北欧陆地上的游牧民族，他们有时也从事农业耕作，但由于土地的产量不高，因此仍然把大海中的鱼类和贝类作为主要食物来源，加上斯堪的纳维亚半岛上峡湾纵横，岛屿众多，于是船只成为维京人主要的交通工具，也为他们由陆地上的游牧民族变为海上游牧民族创造了条件。

中世纪时期，维京人在斯堪的纳维亚半岛上形成的挪威、瑞典和丹麦三个国家之间边界相对模糊，所以也被称为挪威维京人、丹麦维京人和瑞典维京人。

公元 8 世纪之前，斯堪的纳维亚半岛上的维京人只有大约 200 万人。随着人口的增长，过剩的人口不得不出外谋生。在以后的几个世纪里，大量的维京人离开斯堪的纳维亚半岛。维京人在恶劣的生存环境中养成了坚强、勇猛的性格，他们崇尚英雄，喜欢冒险和游历。另外，维京人还有种法律传统，就是流放犯人。种种因素加在一起，使维京人从海上向欧洲的其他地区进发时选择了掠夺与征服。

同时，维京人又被认为是世界上最优秀的航海家，他们集数百年的航海经验，对大海可以称得上了如指掌。

维京人从陆地迁居海上之后，把游牧民族的英勇顽强、狡猾机智和冷酷嗜血也带到了海上，用船只替代马匹作为战斗工具。为了确保海上武装抢劫的成功，他们又成了世界上最优秀的造船专家，以至于维京人的龙头船成了他们进行武装抢掠的工具和象征。

龙头船船体狭长，船首刻着高高昂起的龙头，载着维京人纵横四海。因为龙头船是当时世界上最先进的快速战船，所以维京人才能发起快速突击，在抢掠得手后迅速撤离。

维京人以出色的航海技能和海盗行径不断扬帆启航，足迹也越来越远。

公元 815 年，维京人发现了冰岛。

手绘冰岛地图

冰岛位于北大西洋，远离欧洲大陆，地处高纬，岛上遍布火山，由于受北大西洋暖流的影响，气候比起斯堪的纳维亚半岛要温暖。这里山谷和平原的土壤肥沃，适宜耕种。岛上树林茂密，铁矿丰富，沿海的鱼类众多，非常适宜居住生活。因此在以后 100 多年内，大量维京人进入冰岛定居。但是，冰岛本来地域狭小，而且适宜居住和耕种的土地不多，随着人口的大量涌入，岛上的资源显得贫乏了。这促使维京人必须去更远的地方，征服新的土地。

公元 982 年，维京人的头领红发埃里克因谋杀罪被判处流放 3 年。埃里克乘船向西，发现了一块新的土地，他将这块土地命名为"格陵兰岛"，意为"绿色之地"。

红发埃里克

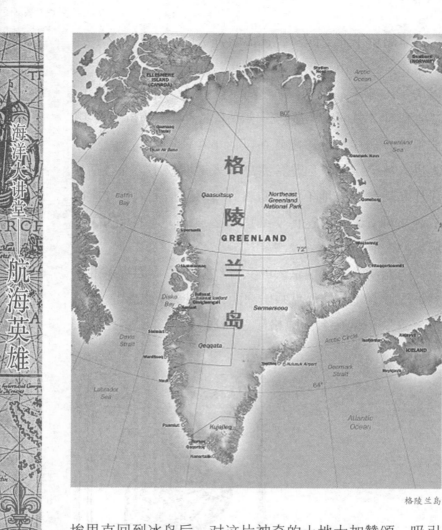

格陵兰岛

埃里克回到冰岛后，对这片神奇的土地大加赞颂，吸引了许多维京人前往这个"绿色之地"定居。986年，第一批500人乘坐25艘满载牲畜和生活必需品的船只向格陵兰岛进发，15艘船到达目的地，而其余10艘则被风暴吞噬。

但是，格陵兰岛纬度太高，21.8万平方千米的土地上只有9万平方千米没有冰层，而且岛上铁矿稀缺，木材不足，使得维京人很快陷入困境。直到11世纪初，岛上只有3000人，生活在300多个农庄里。

公元992年，埃里克的儿子埃里克森率领35名男子离开格陵兰岛，启航向西航行去寻找新的土地。埃里克森发现了美洲，到达加拿大东部的拉布拉多海岸，并向南到达纽芬兰岛。第二年，埃里克森返回格陵兰岛，并宣布了他的发现。此后，也有几只维京人的船队到达新大陆，不过由于和当地的印第安人发生冲突，不得不离开那片土地。直到大航海时代的到来，哥伦布再次"发现"了这片新大陆。

有学者研究认为，维京在哥伦布之前500年就已经到达纽芬兰并探索了部分北美地区。

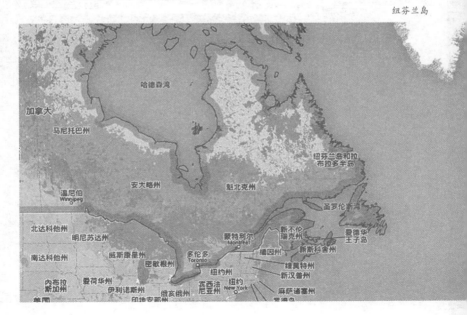

纽芬兰岛

6.《马可波罗行纪》对航海的影响

《马可波罗行纪》，又名
《马可波罗游记》、《东方见
闻录》。虽然这本书的来历不
断受到学人和研究者的质疑，
但因其对西方产生的巨大影
响确是不争的事实，所以这
本书才有世界第一奇书之称。
姑且信之。

2001 年一版一印《马可波罗行纪》
上海书店出版

小时候，马可·波罗父
亲和叔叔曾经到东方经商，
到过元大都（今北京），朝见
过蒙古帝国的忽必烈大汗，还带回了大汗给罗马教皇的
信。他们在东方旅行的故事，引起了少年马可·波罗的
浓厚兴趣，到中国去的愿望开始在他幼小的心灵中萌芽。

1271 年，在马可·波罗 17 岁的时候，父亲和叔叔拿
着教皇的复信和礼品，带着他和十几位旅伴一起踏上了
前往东方的旅程。他们从威尼斯进入地中海，然后横渡
黑海，经过两河流域来到中东古城巴格达。如果旅途顺利，
他们从这里到波斯湾的出海口霍尔木兹就可以乘船直接
驶往中国。不幸的是，他们就在这个关节点上发生了意外。

意大利旅行家马可·波罗
（Marco Polo）

他们在一个镇上掏钱买东西时，遇到了强盗。所幸，马可·波罗和父亲、叔叔都逃了出来。

马可·波罗和父亲、叔叔来到霍尔木兹，用了两个月时间也没等到去中国的船只，只好改走充满艰险的陆路。他们由霍尔木兹向东，越过人迹罕至的伊朗沙漠，跨过险峻寒冷的帕米尔高原，一路克服种种艰难险阻，来到了中国新疆。马可·波罗他们立刻被新疆的美景吸引住了。

马可·波罗他们继续向东，穿过塔克拉玛干沙漠，来到古城敦煌，再经玉门关来到长城，最后穿越河西走廊，终于到达元朝的北部都城——上都（今内蒙古自治区锡林郭勒盟正蓝旗草原）。

中国新疆美景

走完这段不寻常的路程，他们用了 4 年的时间。

马可·波罗的父亲、叔叔向忽必烈大汗呈上了教皇的信件和礼物，向大汗讲述了沿途的见闻，引起了大汗的极大兴趣，喜欢上了年轻聪明的马可·波罗。大汗因此特意邀请他们进宫，听他们的详细讲述，并且带他们一起返回大都（今北京）。后来，据说大汗还留他们在元朝当官。

在中国，聪明的马可·波罗很快学会了蒙古语和汉语。他利用大汗命他巡视各地的机会，走遍了中国的山山水水。他的考察范围非常广阔，先后到达了新疆、甘肃、内蒙古、山西、

忽必烈大汗画像

陕西、四川、云南、山东、江苏、浙江、福建以及北京等地，还出使过越南、缅甸、苏门答腊。每到一地，他都详细考察当地的地理、历史和风俗、人情，他在完备地记录之后，又毫无遗漏地向忽必烈大汗进行汇报。

他惊异于中国的辽阔和富有，并因此在他的游记中对中国发达的工商业、宏伟的都城、完善方便的驿道交通、通行全国的纸币等不吝赞美之词，他在书中盛赞中国的繁荣昌盛，他描写的繁华热闹的市集、物美价廉的丝绸锦缎等等，使每一个读过这本书的人都会心驰神往。

马可·波罗在中国游历了17年后，越来越思念自己的故乡威尼斯。

马可·波罗到中国旅行及返程路线图

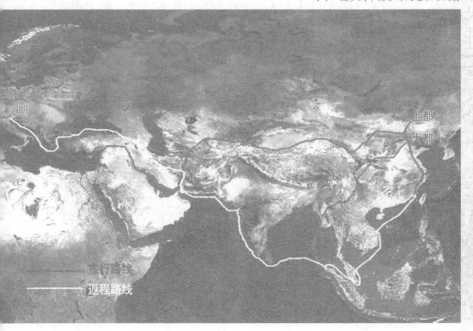

　　1291 年春天，元朝派出 3 位使臣护着阔阔真公主从泉州出海去伊尔汗与波斯国王阿鲁浑成婚。马可·波罗趁机向忽必烈大汗提出参与护送任务的请求，在完成使命后顺路回国，得到了忽必烈大汗的同意。

　　1295 年，马可·波罗和父亲及叔叔三人回到了阔别已久的家乡。回国的这段时间，正值威尼斯与热那亚之间爆发战争。不久，马可·波罗参战被俘。因为马可波罗的讲述中有热那亚人关心的商业信息，所以使他受到有别于其他俘虏的特殊关照。在狱中，他遇到了传奇作家鲁思蒂谦诺。鲁思蒂谦诺根据马可·波罗的口述及其后来补充的相关笔记，最终完成了《马可波罗行纪》一书。

　　《马可波罗行纪》的主要内容是关于马可·波罗在中国的旅游纪实，以及途经西亚、中亚和东南亚等国家和地区的情况。全书以写实的手法，详细记录了他在中国各地包括西域、南海等地的见闻，记载了元初的政事、战争、宫廷秘闻、节日和游猎等情况，详尽介绍了中国的历史、文化和艺术。

　　《马可波罗行纪》一书在马可·波罗生前和死后相当一段时间里，不太被人们认可和相信。直到 14 世纪初，才被一些前往东方的传教士传播开来，从此逐渐风行世界，指引着人们不断去发现新的天地和海洋空间。

　　对《马可波罗行纪》的质疑，不仅以前有，现在也有。直到今天，也有相当多的人带着怀疑去阅读他的故事。质疑者认为如果这部游记是真实的，那么其资讯就应该十分周全，要有筷子、汉字、女人缠脚之类代表中国的特征描写。

但是，质疑并不能动摇《马可波罗行纪》的真正价值。这部游记不仅内容博大，而且涉及的地域相当广泛，其中详细描绘的行程影响了一位又一位航海家。从发现新大陆的哥伦布到为新大陆命名的亚美利哥，再到领导首次环球航行的麦哲伦，无一不是《马可波罗行纪》的忠实读者，他们在航行中无一例外地将这本书随身携带。

马可·波罗不仅发现了契丹（中国东北地区的一个古老部族，曾建立起中国历史上的辽朝，其疆域横跨中国新疆与中亚地区），而且他的游记成为激励西方世界努力去发现新世界的一个契机，激起了欧洲人对东方的热烈向往，对以后新航路的开辟产生了巨大影响。

中国历史上的辽朝

中国在东和东南两个方向面向海洋，有着长达18000千米的大陆海岸线。作为一个濒海大国，中国濒临世界上最大的海洋——太平洋。中国的海区是世界季风盛行区，海区及其附近海域有着规律性的海流，对航海活动都非常有利。

中国早就有过不凡的航海历史，中国古代历史上的燕、齐、吴、越等国和粤、闽各地沿海居民大多长于航海。

在原始社会时期，中国的祖先们"刳（kū）木为舟，剡（yǎn）木为楫"，意思是把木头剖开、中间掏空做成小船，把木头削成划船的桨就可以出海捕鱼。中国从夏商周时代开始出现航海活动，发展到春秋战国时期，已经积累了丰富的航海知识，具备了一定的天文、海洋气象和海上导航经验。

关于殷商的航海传说，曾经有学者提出过"殷人东渡"的说法。大意是周武王率兵伐纣，攻破商朝都城朝歌，商纣王于鹿台自焚。但是25万商朝大军主力和部分百姓突然全部失踪，下落不明。据称，这25万军民为避战祸，东渡到了美洲。还有人提出，美洲文明之母"奥尔梅克文明"和中国商代文化有着密不可分的联系。

从秦朝开始，中国的航海活动进入一个高速发展时期。秦始皇统一六国之后，曾经多次巡游海上，显露出对海洋的关注。这样可以推断，巡游必然是以船作交通工具。既然是巡游，就不会是简单的个体行动，而是由大量文武官员、官兵和随从跟随的大规模航海行动。据

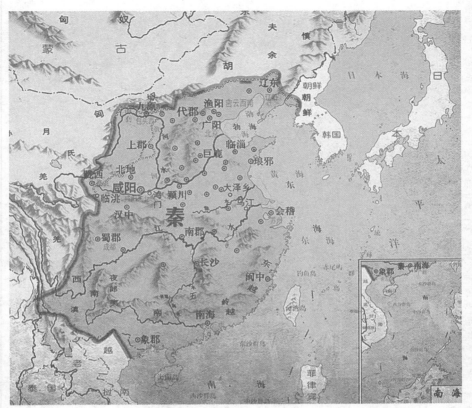

秦统一六国地图

《秦始皇本纪》所载，他曾 5 次巡游海上。不过，对于未知的海洋世界，古人对海洋的描述使海洋蒙上了一层神秘的色彩，即使司马公也不例外。在秦始皇第三次巡游海上时发生的一个故事，为后世留下了一个"徐市求仙"（又叫"徐福东渡"）的故事。

公元前 219 年，秦始皇到齐地琅邪山（今山东省胶南市境内）巡游。当地有个名叫徐市（又名徐福，传说也是鬼谷子的门徒）的方士得知秦始皇希望长生不老，

便上书说："在东海之中，有蓬莱、方丈、瀛洲三座神山，山内住着仙人。请允许我斋戒后，带上童男童女去为陛下求取长生不老之药。"秦始皇闻听大喜，立即命令徐市征调童男童女数千人渡海求仙。

传说中的徐市东渡共有两次。徐市第一次东渡，花了不少钱，但没有求到仙药。因为害怕秦始皇责罚，便欺骗说："仙药是可以得到的，但由于大鲛鱼为害，难以到达神山。希望能派善于射箭的人和我一同去，以便除鲛求药。"秦始皇求仙药心切，于是又从军队中挑选射箭能手随船同去。徐市带领一支船队去游东海，确曾射死过大鲛鱼，但仙药终究没有得到。徐市害怕秦始皇降罚，不敢回归，索性带船队，向遥远的大海驶去，留下了一个千古之谜。

在经历多年战乱，天下大定之后，汉代初期由于实行"休养生息"政策而出现了"文景之治"的繁荣，造船技术和造船工艺也日趋先进，并在以桨划行船的基础上发明了以橹摇行的船。

有中国古代先进的造船技术、海图和大量的海上贸易作为航海活动的直接证据，可以肯定中国不乏航海英雄，但是在中国长期以农耕文明为主的背景下，这些勇敢的航海先驱者便令人惋惜地被湮没在时代的大潮里面。

即使历史没有为他们个人书写作传，这些航海先行者的行为仍然堪称壮举。

1."丝绸之路"和海上丝绸之路

"丝绸之路"最早是德国地理学家、地质学家李希霍芬于 1877 年在他的著作《中国旅行记》(第 1 卷)中提出来的，因为大量的中国丝和丝织品经西域向希腊、罗马运输，所以这条路被称为"丝绸之路"，其意原是指古代中国通向中亚的陆上交通路线，后来被引申为古代中国通向外部世界的交通路线。所以，"丝绸之路"并不仅仅是指某一条路，而是对中国与西方贸易的统称。

李希霍芬（Richthofen，Ferdinand von，1833～1905年）

《中国旅行记》

　　说到"丝绸之路"，人们就会联想到出使西域的张骞。

　　公元前140年，汉武帝想要联合大月氏共同打击匈奴。张骞于是以皇帝的侍从官身份应募担任使者，他从陇西（今甘肃临洮）出发，在西行进入河西走廊的时候成为匈奴骑兵的俘虏，被扣留10年后逃脱，向西行至大宛（今费尔干纳盆地），经康居（今乌兹别克斯坦和塔吉克斯坦境内），找到了大月氏的居住

汉武帝刘彻（公元前156年7月14日—公元前87年3月29日），西汉第七位皇帝，杰出的政治家、战略家、诗人。

地，但没有能说服大月氏与汉朝建立联盟。此后，张骞越过妫水南下，到达大夏的蓝氏城（今阿富汗的汗瓦齐拉巴德）再动身回国。虽然第一次出使西域没有达成预定的战略目标，但这次极为艰险的外交旅行，却是一次卓有成效的科学考察。他把一路上的见闻，向汉武帝作了详细报告，对葱岭东西、中亚、西亚，以至安息、印度诸国的位置、特产、人口、城市、兵力等都作了详细说明，他

先贤张骞

西汉同匈奴的战争和张骞出使西域图

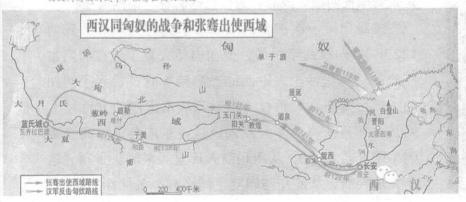

的记载成为珍贵的地理和历史资料。汉武帝对这次出使西域非常满意，张骞因此被封为太中大夫。

张骞第二次出使西域时，匈奴已被汉王朝打败，匈奴各国也摆脱了匈奴的统治。他第二次出使西域是出于外交目的，为了增进汉王朝同西域各国的经济文化交流和友好往来，因此既达到了出使的意图，也受到了各国的欢迎。

汉通西域，最初是出于军事目的，但它的影响，远远超出了军事范围。从西汉的敦煌，出玉门关，进入新疆，再从新疆连接中亚、西亚的一条横贯东西的通道。这条举世闻名的"丝绸之路"，把西汉同中亚许多国家联系起来，大大促进了政治、经济和军事、文化之间的交流。张骞出使西域的故事，也因此在中国家喻户晓。

有学者说，张骞出使西域，标志着陆上丝绸之路的"全线贯通"。也有学者研究认为，汉武帝开辟的从雷州半岛的徐闻、合浦经东南亚至南印度的海上丝绸之路，是张骞出使西域促成的。为什么这么说？根据何在？

张骞在第一次出使西域后，于元狩元年（公元前122年），向汉武帝报告，他在出使大夏（现在的阿富汗北部马扎里沙里夫以西的巴尔赫）时，看到了四川的土产：蜀布和邛竹杖（四川邛崃山出产的方竹杖），问是从哪里获得的。大夏人说是在东南数千里的身毒国（印度西北部），从四川商人那里买来的。张骞凭这个发现判断，从四川与印度之间必有一条便捷的通道。

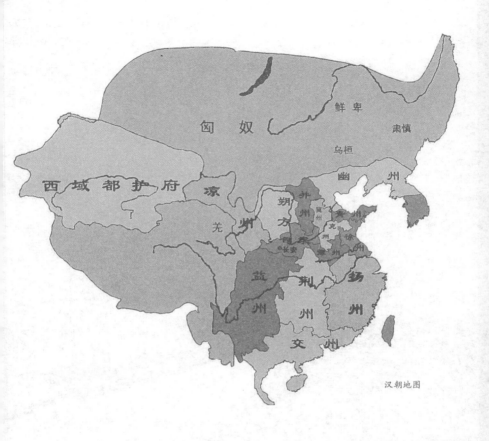

汉朝地图

所以，张骞向汉武帝建议，可以派人探寻一条直接通往印度和中亚诸国的路线，从而避开通过羌人和匈奴地区的危险。

于是，汉武帝派张骞主持西南探索新路线的活动。张骞共派出了四支探索队伍，但都受到滇王的阻挠，仅仅到达昆明不能再往西行，探险未能成功。无奈，汉武帝只好从雷州半岛的徐闻、合浦另外开辟通往东南亚和印度的海上丝绸之路。

汉武帝和张骞意外地促成了一条海上丝绸之路，但汉武帝时期的海上丝绸之路却不是最早的。

　　海上丝绸之路最早出现于我国山东半岛和东南沿海地区，在秦汉时期就已经形成规模化的海外贸易。

　　海上丝绸之路作为古代中国与世界相连的海上通道，主要由"东海起航线"和"南海起航线"两大干线组成。

东海起航线和南海起航线

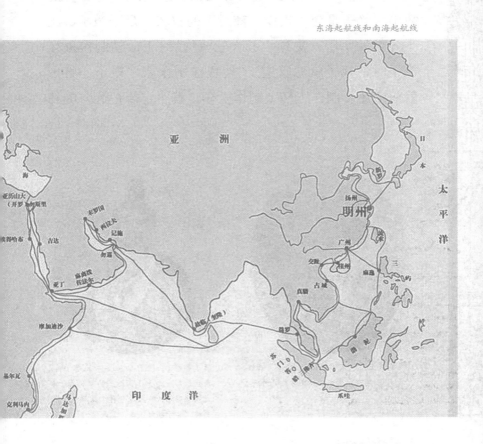

东海起航线

海上丝绸之路的东海起航线从中国通向朝鲜半岛和日本列岛，最早可以追溯到周王朝时期，箕子受周武王派遣到朝鲜而形成的。箕子从山东半岛的渤海湾海港出发，走水路到达了朝鲜。

《史记·宋微子世家》曾经记载过周武王访箕子的故事。箕子是商末贵族，商纣王的叔叔。是和微子、比干齐名的贤臣，史称"殷末三贤"。纣王最初制作象牙筷子时，箕子就悲叹道："他现在制作象牙筷子，将来就一定还要制作玉杯；制作玉杯，就一定想把远方的稀

周武王姬发（？—前1043年），姬姓，名发（西周时代青铜器铭文常称其为珷）。

箕子朝鲜（公元前1120～公元前194），商代最后一个帝王商纣王的叔父箕子在武王伐纣后，被武王分封于朝鲜，侯爵，史称"箕子朝鲜"或"箕氏侯国"。

世珍宝占为己有。车马宫室的奢侈豪华也必将从这里开始，国家肯定无法振兴了。"事情的发展果然是和箕子描述的那样。因为商纣王无道，箕子多次进谏，但纣王不听。箕子也因此变成了奴隶。

商纣王的无道终于招来了亡国之祸，直至周武王讨伐纣王，灭亡了殷朝。周武王听闻箕子的贤名，便去访问箕子，向他请教治国理政的道理。武王听完箕子的一番陈述，就把朝鲜封给箕子，未让他作臣民。相传箕子在朝鲜建筑房屋、开垦土地、耕种农田、养蚕织布、缫丝织绸，还制定了简单易行的法律，来防止和解决人们的争执。于是，中华文化通过这条海上丝绸之路对朝鲜半岛和日本的政治制度、道德文化和风俗习惯产生了全方位的影响。

后来，箕子朝拜周王，经过故都殷墟，感伤于宫室毁坏坍塌、禾苗丛生，箕子十分悲痛，于是触景生情吟出一首名为《麦秀》的诗，诗中说："麦秀渐渐兮，禾黍油油。彼狡童兮，不与我好兮！不与我好兮！（麦芒尖尖啊，禾苗绿油油。那个小子啊，不和我友好！）"所谓小子，就是纣王。殷商的百姓闻听这首诗，无不为之泪下。

海上丝绸之路创建的背后隐藏着治国理政和政权得失的大道理。

东海起航线发展到秦始皇统一六国之时，原来三面向海的齐国和邻近的燕、赵等国为了逃避暴秦的残酷统治，经常私自携带蚕种和养蚕技术渡海赴朝。

东海起航线到了大航海时代，开始有了全面的发展。

南海起航线

海上丝绸之路的南海起航线形成时间也比较早。学者们考证认为，我国的船舶当时携带着丝绸等商品，从雷州半岛起航，途经现在的越南、泰国、马来西亚、新加坡和缅甸等国，远航到印度，然后从现在的斯里兰卡经新加坡返航。比较有说服力的证据是根据考古发现，在岭南地区发现了公元前200年左右南越国时期的象牙、香料等舶来品。

南越国，也被称为南越或南粤，是约公元前203年至公元前111年存在于岭南地区的一个国家，国都位于番禺（即现在的广州市），全盛时期疆域包括今天中国

南越国建国初期的疆域图

广东、广西的大部分地区，福建的一小部分地区，海南、香港、澳门和越南北部、中部的大部分地区。

公元前 111 年，汉武帝派大军灭亡了南越国，直接控制了南海航线。我们前面说过，汉武帝和张骞派人探寻一条直接通往印度和中亚诸国的路线无果，才转而发展海上航线。汉武帝凭借强盛的国力，大力发展海上交通，开辟了一条由我国南方沿海直接通往印度洋地区、最远可达今天印度半岛的东海岸和斯里兰卡的远洋航线，汉代典籍《汉书·地理志》对这条航线有明确记载。

中国的海上丝绸之路，在明朝时期一度达到巅峰，后来随着鸦片战争的爆发而结束。

2. 宋朝开启的中国"大航海时代"

隋唐时期，尤其是在唐朝灭亡以后，中国内部动荡，战乱不休，陆上丝绸之路受阻，因此，海上丝绸之路代之而兴起，成了连接东西方的主要通道。

宋朝建立以后，其西北边境的陆地面积大大受到压缩。北宋时期，华北大部被辽国所占，西北大部又被西夏占据，通往西域的通道被阻断。南宋时期，政治中心更向南移，连都城也由北宋的开封迁移到了临安（今浙江杭州）。两宋时期的对外交通，不得不更多地放在了海上。这样的一个地理历史条件，对于一个政权来说不

是好事,但却成全了航海业的发展。边疆不稳,外患不绝,需要军队来保境安民,但庞大的军队耗费巨大。土地面积缩小,税收自然就缩水,不得不把目光投向海上,而海舶税收正是解决财政困难的大好来源。而且,当时的南方在农业、手工业、商品经济方面都较北方发达,具有发展海外贸易的物产条件。发达的造船业和指南针在航海方面的应用,使宋朝具备发展航海事业的自然条件。这些因素加起来,使宋代的海外贸易在唐代的基础上得到了蓬勃的发展。

唐代时,仅在广州设立了一处市舶司负责对外事务。到北宋时期,海外贸易港口增加到了八九个,政府相应增设杭州、明州、泉州等市舶司进行管理,使海外贸易的范围随之扩大。

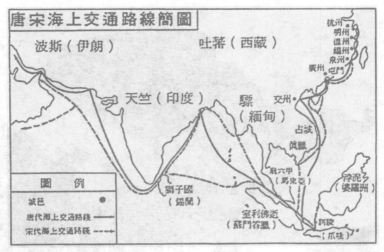

唐宋海上交通路线简图

市舶司是从唐朝就已设立的管理对外事务的政府机构，而在宋代，市舶司具有了类似近代海关的权力。商船出海，必须向它申请、具保才能起航，否则货物将被没收，人员将被惩处。

偏安一隅，半壁江山的南宋政府，对海外贸易更加依赖。为了增加财税收入，进一步采取了鼓励发展海外贸易的政策。宋高宗赵构南渡称帝以后，更是态度鲜明地提出："市舶之利最厚，若措置得宜，所得动以百万计，岂不胜取之于民？"

由陆地到海洋，大宋王朝就这样被发展的形势倒逼着走上了一条不同于以往的海洋之路。从宋朝的第二代皇帝宋太宗开始，历代皇帝无不费尽心思地发展海外贸

易，居然成了当时世界上少有的经济大国和海洋强国。甚至有的西方学者称之为"世界上第一个海洋强国"。相比之下，公元10至12世纪，美洲尚在沉睡之中，欧洲还笼罩在中世纪的黑暗里。而南宋以满载着货物的无数艘海船给这个国家带来了不可胜数的财富和新鲜的文明之风，赢得了"海上马车夫"的称谓。当时，和南宋通商的海外国家，包括来往密切的高丽、日本、交趾、占城等，竟达60多个。大量新航路被开辟，其航海范围也从南海、印度洋逐渐扩大到波斯湾、地中海和东非。伴随着海路的开辟，带给大宋王朝的是巨额财富。

谁说宋朝积贫？南宋堪称当时世界上最富有和最先

进的国家，它创下的 1.6 亿两白银的国家年财政收入，没有一个朝代能和它相比。

谁说宋朝积弱？面对曾经横扫欧亚的强大蒙古军队，南宋军队居然顽强支撑了近半个世纪之久。

宋朝造船技术也称得上独步天下，当时中外商人所乘海船大多是"宋朝制造"。南宋王朝有着非常强的国际声誉。宋徽宗时期，曾经派使者出使高丽，特别制造了两艘巨型海船，号为"神舟"。到达高丽后，高丽人聚集在海岸，观看远航的友好使船，"倾城耸观，欢呼出迎"。

1987 年 被 发 现，2002 年被打捞出水的南宋沉船"南海 1 号"，其造船工艺至今让人叹为观止。

宋代沉船"南海 1 号"
船体结构显现

泉州湾宋代海船出土　　　　　宋代海船模型

北宋水浮法指南针
中国国家博物馆藏

　　宋朝，发明于前朝的指南针已经被广泛地应用于航海。

　　南宋时期，中国凭借着拥有印度洋上最好的船舶，直接将海上贸易的控制权抢夺在手中。

　　宋朝实现的海上繁荣与现代海权论创始人美国人马汉的观点有着惊人的相似："控制海洋，特别是在与国家利益和贸易有关的主要交通线上控制海洋，是国家强盛和繁荣的纯物质因素中的首要因素。"

　　我们不妨再读一遍马汉的名言："海权在广义上不但包括以武力控制海洋之海军，亦包括平时之商运与航运。"

　　种种迹象表明，宋朝时期的中国正朝一个海上强国的方向发展。但是宋朝并没有像海权论所描述的那样，在发展海权方面有更进一步的作为，只是以和平的方式进行贸易而已。

　　尽管南宋没有过海上霸权，但毕竟为中国开创了一个大航海的时代。

在历史书上，我们找不到系统介绍宋朝的航海故事和航海家的故事。流传下来的有关宋朝航海方面的记录，除了官方史料《宋书》等以外，主要有周去非的《岭外代答》和曾任福建市舶提举的赵汝括所著的《诸番志》。

《岭外代答》上海远东出版社，1996

3. 元朝蓬勃发展的航海事业

元朝，是中国历史上第一个由少数民族建立的大一统王朝。像蒙古这么一个跃马引鞭、弯弓射雕的草原游牧民族如何与海洋结下不解之缘？不能不说，与它所统治的疆土有关。忽必烈时代，元朝的疆域"北逾阴山，西极流沙，东尽辽东，南越海表"，远远超过了号称盛世的汉唐时代。

从元朝开始，中华文明开始集游牧文明、农耕文明和海洋文明于一体。

对于元朝来说，自从海洋成为元朝疆域的一部分，海洋就成为元朝财税收入的主要来源。元政府在元大都也就是今天的北京建都以后，为了维系王朝生存的命脉，弥补本地不能产粮的缺陷，开通了南方港口到大都的海运航线，从东南调运粮食。"南粮北调"，是元朝充分利用海洋运输的便捷条件，形成的空前盛况。

在海外贸易方面，元朝继承了唐宋对外开放的政策，政治上加强与海外诸国的联系，经济上积极开展海外贸易。在统一南方之初，元政府效仿宋朝，在泉州、庆元、广州等口岸设立市舶司来管理海上贸易。攻占浙江、福建沿海后，忽必烈公开向海外诸国宣布："往来互市，各从所欲。"

由于元朝继承了南宋的造船能力、航海技术和相关的海洋知识，并采取了积极鼓励发展海外贸易的政策，所以其海外交通的范围、规模和影响力都超越了以前。元代的海外航线，北至日本诸岛，经海南，南下东南亚、印度洋各地，包括锡兰（今斯里兰卡）、印度、波斯湾和阿拉伯半岛，甚至到达非洲的索马里，延续并发展了海上丝绸之路的繁荣。

元朝漕运和海运

4. 元朝具有代表性的著名航海家

元代蓬勃发展的航海业也催生了一批航海家，其中民间航海家汪大渊最为耳熟能详。

汪大渊

汪大渊，字焕章，江西南昌人，是被历史记录的民间航海家，被称为"东方的马可·波罗"。自 1329 年至 1349 年间，他曾经两次搭乘商船出海远航。汪大渊从 20 岁起就开始航海，后来回国后把自己两次航海所看到的各国社会经济、奇风异俗记录整理成书，取名《岛夷志略》，该书共有 100 条，其中 99 条是记录汪大渊本人

《岛夷志略校释》
（元）汪大渊
中华书局
1985-5

所到达的南海诸国及地区,其范围东起澎湖到文老古（今马鲁古），西至阿拉伯和东非沿岸，共涉及 220 余个国家和地区。汪大渊的《岛夷志略》在当时一度成为人们的出海必备手册，对研究元代中西交通和海道诸国历史、地理有重要参考价值。

杨　枢

杨枢是元代航海世家中的代表性人物，也是一位杰出的航海家。杨枢所在的家族定居在一个叫澉浦的沿海小镇。杨枢从 19 岁起便出发远航，第一次到达加里曼丹岛和爪哇岛以西，第二次航行到达了波斯湾以内的海域，在海上与风浪搏击约十年之久。两次远航出海的成功，让他得以跻身元代著名航海家之列。

澉浦镇

朱清和张瑄

朱清和张瑄是元朝海运事业的开创者，元朝的"南粮北运"主要在他们二人手中建成。他们两个人原来都是海盗出身，后来带着数百艘大船投降元朝。之后，他们充分利用熟悉海道和精通造船的有利条件，开辟航路，为元朝解决了海上运粮难题，因而成为元代航海史上的耀眼人物。

杨廷壁和亦黑迷失

杨廷壁和亦黑迷失是被《元史》所记载的奉命出使海外的官员，也可称得上是航海家。其中杨廷壁曾 4 次出使海外，到达马八儿（印度东南）、俱蓝（印度西南）等地；亦黑迷失到过马八儿、僧迦拉（今斯里兰卡）、爪哇（印尼爪哇岛）、占越（越南南部）等地。

蒲寿庚

蒲寿庚

蒲寿庚最早是经营海外贸易的商人，据说是因为受到权臣贾似道的盘剥，所以叛宋投元，做了元朝的高官。

5. 元朝的海上兴亡

元朝对海洋的重视，给元朝带来了巨大的收益，但它的海洋经济政策也最终引起了海上动乱，并导致了元朝从海上灭亡。

元朝一方面重视海洋，另一方面却又采取了歧视东南沿海居民的政策，视其为"南人"。

元朝发展海外贸易，却又禁止商人私自对外贸易，迫使商人加入官营体系，自己垄断操纵。因为吏治腐败，加上船商走私严重的现象，使元政府不得不重新开放私商经营，同时加给私商种种限制条件，地方官吏借机大肆捞取好处，致使船商纷纷破产。

船商没活路，渔民同样也没活路。渔民除了要承担海运劳役，还要承担在海运过程中因为不可抗力如在恶劣海洋气象条件下，出现海难等情形造成的一切损失，不少人因此被迫逃亡入海。

对海盐，元政府也进行了严格的管制，在元政府的高压管制下，许多盐民被逼走上武装反抗之路。

元朝统治者来自草原，其航海方面的经验不足以应对复杂的海上局面。元朝在灭亡南宋之初，其海防的主要对象是零星海盗，并不存在来自海上的重大威胁。元代后期，政府吏治腐败，民不聊生。东南沿海民风素来

彪悍，他们常年追风逐浪，养成了不畏死不避险的风尚。
面对元政府的盘剥，广大船商、渔民和盐户逐渐走上集
体反抗之路，成为一股不可忽视的力量，崛起于东南沿
海的方国珍集团就是其中的代表。随着海上武装反抗势
力的不断壮大，元朝开启的海运航道被截断，海防体系
很快也土崩瓦解。

　　有人说，唐宋以来中国社会走向海洋的历史进程从
此中断。我想说，中国社会走向海洋的历史进程其实是
从元朝后期中止的。

6. 明朝的海禁对航海的影响

　　明王朝建立之后，对发生在元朝的海上动乱有着切

身体会，并把元朝灭亡的原因完全归咎于海上动乱，惟恐重蹈覆辙，因此采取了一系列极为严格的海禁措施，完全禁止民间商人出海贸易，严格限制海外国家与中国的交往，不许外国商人来华经商。

公元 1397 年，明廷颁布的海禁律法规定"严禁民间出海经商，擅造二桅以上大船出海通番者，比照谋逆罪枭首示众，全家充军"。甚至，下海捕鱼也是不允许的。发展到后来，明政府居然将居民集体迁离海岸，形成"片板不许入海"的制度。

尽管海禁严苛，但是还要顾及脸面，皇帝君临天下，怎么可能没有万邦来朝，为了外交应酬需要，明朝还是允许日本、高丽、占城、爪哇等十几个国家以"朝贡"的名义与中国保持官方往来。即使他们不来，明朝廷也会遣使诏谕，鼓励他们来。

明朝闭关自守的海禁政策，导致了海外贸易的急剧衰落。于是，海上丝绸之路繁华不再。

7. 郑和七次下西洋

公元 1402 年，明成祖朱棣以武力从侄子明惠帝手中抢来皇位，很是需要周边小国承认他皇位的正统性和合法性。《明史·郑和传》中传达出来的信息是"成祖疑惠帝亡海外，欲踪迹之，且欲耀兵异域，示中国富强"。

除了寻找明惠帝的下落和炫耀武力与富强，郑和下西洋的另一项任务是："遍历诸番国，宣天子诏，因给赐其君长，不服则以武慑之"。周边的小国家必须承认大明朝的大国地位，来中国进贡。不服，就以武力胁迫。

郑和下西洋，是中国航海史上的壮举，但也是完完全全的官方外交活动。

郑和，云南人，原名马三宝，在明成祖朱棣还是燕王的时候就一直追随着他，后来因为跟随燕王起兵夺权有功，多次受到提拔。公元 1404 年，明成祖朱棣在南京御书"郑"赐给马三宝为姓，改名为"和"，任命他为内官监太监，官至四品。

"郑和下西洋"的故事在中国几乎家喻户晓，郑和本人给大家留下了一个航海家的形象。实际上，郑和还是一个富有智慧谋略，通晓兵法和战争的人。《明史·郑和传》中多次记录了郑和在航海过程中带兵打胜仗的故事。否则，郑和如何能耀兵异域，不服就打。在第二次远征时，郑和船队击沉了十艘海盗船。在三佛齐国抓住了陈祖义，并把他押到中国斩首，在这一战中还斩杀了几千名海盗。第三次远征，斯里兰卡国王亚烈苦奈儿率兵来攻打郑和，遭到郑和反击，反被郑和抓获押解回国。从这些情况来看，郑和的船队堪称一支强大的武装力量。

公元 1405 年 7 月 11 日，明成祖命郑和率领 240 多艘海船、27400 多名海员组成的庞大船队，从苏州刘家

明成祖朱棣

河出发，沿途访问了 30 多个在西太平洋和印度洋周边的国家与地区。

从 1405 年到 1433 年，郑和历经三朝，先后七次奉命出使，史无前例地大规模走向了海洋。

郑和七下西洋，最远到达非洲东海岸，以国家航海外交的形式为全面打通陆上丝绸之路和海上丝绸之路画了一个圆。其规模，即使在世界航海史上，也是非常罕见的。

郑和船队的性能、装备完全是世界一流水平，完全按照海上航行和军事组织要求编成。其船队军事实力超过同时期亚洲任何国家，甚至欧洲国家联合起来也无法与郑和的船队抗衡，海上势力在当时达到极盛。

但是，郑和下西洋之后，中国海船迅速从海上退出，庞大的船队只是昙花一现。

有研究认为，明朝航海外交的中断，主要是经济上耗费巨大、入不敷出。郑和的编队只有投入少有产出，难以为继是迟早的事。按照海权论的观点，海上军事力量应该伴随着商业贸易的出现而出现。海权首先从属于商业，商业则沿着最方便的航路前进。与之相随，军事控制又促进并保护着贸易。

其实，这种观点，在明朝就有人提出来了。明宪宗时期，本来还想重启航海计划，准备调取郑和前后七次下西洋的航海日志，当担任兵部尚书的项忠入库查检档案时，发现档案馆所有关于郑和船队的档案都不翼而飞。

原来，是任兵部职方司郎中的刘大夏偷偷藏了起来。刘大夏认为航海是祸国殃民之举，他还理直气壮地对项忠说道："三保下西洋，费钱粮数十万，军民死且万计，纵得夺宝则归，于国家何益？此特一弊政，大臣所当切谏者也。旧案虽有，亦当毁之。"后来，重启航海的计划因航海图找不到而搁浅。假设海图没有被毁，明朝再多几次航海壮举，中国就会发现世界、成为海洋强国吗？未必！海上力量不伴随着海上贸易前进，经费只出不进，大明财政迟早会被拖垮。据估算，郑和下西洋的费用支出，相当于当时国库年支出的两倍多。

郑和与他的船队给世界空留下一个强大的背影。

8. 堪与郑和比肩的航海家王景弘

随着国家对海洋的重视，郑和七下西洋的史实被反复研究，甚至因为宣传需要被写进了教科书，以至世人大多只知郑和。其实，和郑和一起下西洋的还有一位航海家、外交家，他叫王景弘。

王景弘是福建漳平人，原来的名字是王贵通，后来改称景弘。他的经历和郑和相仿，都是在朱棣还做燕王时候的追随者，都曾经帮助朱棣起兵夺权立下大功，为朱棣赏识。朱棣夺取帝位之后，要派船队下西洋，在首领的人选中，除了郑和，另一个人选就是王景弘。

福建漳平风景　　　　　　　　　　航海家王景弘

　　王景弘和郑和职级一样，同为正使太监，共同率领船队七下西洋。

　　公元1431年（明宣德六年），王景弘和郑和受明宣宗之命第七次出使西洋。不料，两年后郑和因积劳成疾，于1433年正月逝世于古里（今印度的科泽科德）。此后3个多月里，王景弘作为最高统帅，独自带领船队扶柩返回中国，完成了七下西洋的最后一次远航。

　　公元1434年六月，王景弘以正使身份受命独自率船队第八次出使南洋诸国。船队先到苏门答腊，后到爪哇。回国时，苏门答腊国王派他的弟弟哈尼者罕随船队到北京朝贡。

　　此后，明朝廷再没有派遣船队进行大规模的航海外交。

晚年的王景弘潜心整理航海资料，撰有《赴西洋水程》等书。

在七下西洋的壮举中，除王景弘和郑和以外，肯定还出现过许多杰出的航海家，由于史料的缺失，他们只能作为不知名的英雄默默隐在历史的时空里。

9. 海盗与倭患

明朝，在海洋方面，有一个奇怪的现象。一方面是"耀兵异域"的大舰队，另一方面却是海盗和倭寇成患。最厉害的时候，数百艘海盗船只占据了海面，密集地渡海来袭，浙东、西，江南、北，滨海数千里，同时告警……

为什么会出现这种情况？究其原因，是明朝前期和中期实行的海禁政策，从根本上消除了产生航海家族的条件。但是，海禁不仅没有禁绝海商，反而出现了海上走私，产生了一大批海盗群体。

当时的濒海大户，往往私造船只，暗地里从事着海上走私生意。在海上通商的情况下他们是合法的海商，一旦禁止海上通商，他们就成了海盗；海禁也使得众多生计无着的沿海居民甘愿冒险从事走私生

"艇匪"与"旗帮海盗"

意，被逼成为海盗。

由于中日贸易完全断绝，日本商人转入走私贸易，逐渐演变成倭寇，他们与中国从事走私的海商相互勾结，由走私转为寇掠。

海盗与倭寇，不仅使辽东到广东的沿海地区深受其害，甚至东南内陆也难以幸免。他们甚至纠集数千上万人马，深入内地数百甚至数千里，围攻州府，攻占县城，大肆烧杀抢掠，给社会带来了严重的动荡。

明朝的倭患，其实不过是假倭寇真海盗。真正的倭寇也就十分之三，大部分还是海盗。也就是说，只要有海禁，就会有海盗。

海禁使明王朝的海上统治危机四伏。

明王朝的海禁也把海洋带给中国的机遇拱手送人。郑和下西洋的庞大舰队退出印度洋以后，阿拉伯人迅速填补了海上权力真空。

接下来的是，葡萄牙人打败垄断欧亚海上贸易的阿拉伯舰队，西班牙人征服了菲律宾。

后来崛起的荷兰与英国两个海洋大国，面对世界已被葡萄牙人和西班牙人瓜分的形势，由做海盗到发动战争。英国人从葡萄牙人手中夺走印度，荷兰人进入南中国海，占爪哇岛、占澎湖、占台湾。

到了清朝，不仅仅是海盗和倭寇为患，而且海上边疆的防卫都出了大问题，海面上到处漂满侵略者的旗帜。

航海对于清朝统治者来说，成了一件奢侈的事。

第三辑

航海时代

15世纪末16世纪初，欧洲人先是开辟了一条不需要经过地中海，而是绕过非洲南端好望角直达东方的航路，继而开辟了横渡大西洋前往美洲的航路，并且完成了第一次环绕地球的航行。这一次次的远航，被称为新航路的开辟。因为欧洲人在开辟新航路的过程中意外地发现了美洲大陆，所以这段历史被称为"地理大发现"。

公元1500年左右的地理大发现，使人类对于世界的认识发生了根本转变。随着各种航路的开辟，人们发现只要踏上海洋之路，就能通达世界上任何地方。

公元1500年前后的地理大发现

明成祖时期，当郑和的船队还在开展航海外交时，欧洲已经发生剧变。由于东罗马首府君士坦丁堡被奥斯曼土耳其人攻陷，原来欧洲人由波斯湾通往印度和中国的航路中断，伊斯坦布尔港已经不能为欧洲人直接提供他们所需要的香料。当时，欧洲国家是通过阿拉伯国家和印度、中国进行贸易，西欧的英国、法国、西班牙和葡萄牙等国的商人急于打破阿拉伯人和意大利人的垄断。

为了开辟新的贸易路线，获取他们需要的黄金和香料，欧洲国家开始了大规模的航海探险活动。

然而，海外扩张是一项极具冒险性的事业，已经具有坚实而雄厚经济基础的大商人们是不太喜欢贸然探险的。但是当西班牙和葡萄牙这样的小国家从航海探险中攫取了大量财富之后，英国、荷兰、法国等大国便正式加入了海外扩张的行列。

1. 没有远航过的"航海家"亨利王子

在葡萄牙人向海外扩张的进程中，亨利王子是一个被英雄化了的人物，尽管他从未参加过远航活动、只参加过海外探险，他仍然被称之为"航海家"。人们认为葡萄牙人的海外扩张事业主要归功于亨利王子，他常常被描写成"具有贵族气息和崇高人品的英雄"或"取得

航海家亨利王子

文艺复兴式发现的人物"。

　　亨利王子，15 世纪时葡萄牙国王若昂一世的第三个儿子。

　　1415 年，刚满 21 岁的亨利王子参加了阿金库尔战役，在夺取直布罗陀海峡对面的城市休达港的战斗中作战勇敢，第一个把葡萄牙的旗帜插在了被占领的海岸上，因此获得了"骑士"称号。

亨利王子继承了父亲若昂一世的冒险精神，但这位在战场上叱咤风云的年轻王子并没有投身陆上事业，而是不顾一切地扑在了当时许多杰出人物都不屑为之的航海事业上。

15世纪的航海远远不是现代人想象中的浪漫事业，而是极为艰苦、充满风

若昂一世

险又获利很小的行业，贵族阶层很少有人涉足。成为海员的常常是无业游民、小偷和罪犯。

葡萄牙在拉丁语里的意思是"温暖的港口"，不仅在陆上与当时最强大的卡斯提尔王国（今西班牙）相邻，而且土地贫瘠、物产有限，但是却地处欧洲西南边陲，濒临大西洋，有着漫长的海岸线，处在地中海进出大西洋的交通要道，具有发展航海的优越条件。一向痴迷于航海的亨利王子清醒地认识到葡萄牙的发展方向只能是海上。

当时的葡萄牙还是一个落后的封建国家，迫切需要黄金来改变自己在国际贸易中的不利地位，而要获得黄金，除了夺取北非的一些贸易中心就是同撒哈拉以南的黄金产地建立直接联系。在这一点上，葡萄牙比其他欧洲国家更接近于黄金产地，但葡萄牙并没有穿越大沙漠

15世纪时，葡萄牙人用来探险的帆船

的经验，那只有到海上去寻找。总之，亨利王子组织西
非海岸的航海探险就是马克思所说的"葡萄牙人在北非
海岸、印度和整个远东寻找的是黄金"。

亨利王子投身远航事业的另一个动机是找到传说中
东方的基督教"普莱斯特·约翰"的国家，从而联合这
个基督教国家夹击北非的穆斯林。找到这个神秘的基督
教国家，也可能是从海路通往东方。

需要说明的是，亨利王子终生未婚。作为中世纪后
期和文艺复兴早期的典型王子，对航海探险事业的执着
追求，促使亨利王子放弃了结婚成家的念头，把生命中
的绝大部分时间和精力奉献给了航海事业。

从 1415 年开始，亨利王子就开始着手西非航海探
险的事宜。他离开首都里斯本，定居到葡萄牙最南端一
个叫萨格里什（今圣维森特角）的小海村，这个小渔村

圣维森特角

直到今天也还是荒凉无比。

　　亨利王子在萨格里什创立地理研究院、航海学校、天文台以及保存地图与手稿的馆所，广泛搜集各种有关地理、造船和航海的文献资料，聘请地理、制图、数学和天文等方面的专家到航海学校任教。亨利王子自任航海学校校长，甚至亲自讲授地理、天文和航海方面的课程。亨利王子创建的航海学校是人类历史上第一所国立航海学校。

　　作为葡萄牙基督教骑士团的首领，亨利王子从骑士团获得了充足的经费投入到他的航海事业，他在装备了几支远航探险队之后，便有计划地对西北非洲各地进行了广泛的航海探险。

　　1418 年，亨利王子派出的探险队发现了大西洋东部海域的马德拉群岛。

　　1431 年，探险队到达大西洋上的亚速尔群岛。

　　从此，探险队发现的马德拉、亚速尔和佛得角等几个面积可观的群岛被划入葡萄牙版图。后来，这几个群岛因为出产葡萄酒和糖而变得繁荣起来，给葡萄牙带来了巨大的经济利益。

被称为"魔鬼之海"和"死亡之角"的博哈多尔角一直是欧洲航海家的极限。博哈多尔角是非洲西海岸延入大西洋的海角，沿岸暗礁环伺，附近潜流涌动，是欧洲公认的世界尽头。葡萄牙的船队显得太小了，使船长望而却步，不敢贸然通过。

为了通过博哈多尔角，特意打造了一艘名为"巴尔卡"的大海船，任命了富有冒险精神的埃阿尼斯当船长。但是，当富有冒险精神的埃阿尼斯船长驾驶着"巴尔卡"号第一次驶近博哈多尔角时，也被滔天的巨浪吓退了。

回到葡萄牙的埃阿尼斯船长受到了亨利王子的严厉训斥，并被要求再次出航。最终，埃阿尼斯船长和他的"巴尔卡"克服生理和心理的极限，通过了博哈多尔角，并且沿着非洲西海岸一路向南。

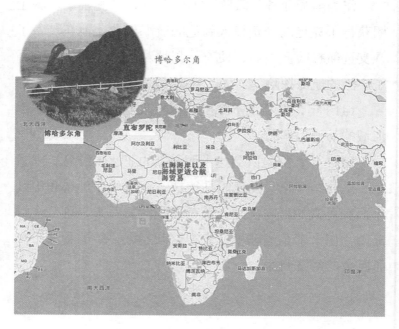

博哈多尔角

1436 年，葡萄牙从西非获取黄金的愿望得以初步实现，亨利王子的探险队在西撒哈拉的一个小海湾找到了黄金，并把这一地区命名为"金河"。

随后亨利王子派出的更多航海船队越过博哈多尔角，沿着非洲西海岸继续向南航行，源源不断的黄金、象牙以及非洲胡椒涌入里斯本，充满了葡萄牙的国库。在亨利王子时期，葡萄牙人控制了西非沿海的贸易。当葡萄牙开启了地理大发现和开始创造海上帝国之时，几乎所有的欧洲大国都在忙于处理自己严重的内部危机。

亨利王子所组织的航海探险为地理大发现的进一步展开打下了基础，他也因此被誉为"十五世纪划时代的、地理发现史上的最伟大人物"。

终其一生，亨利王子没有亲自进行过一次真正的航海，看起来似乎英国史学家给他取的"航海家"称号名不副实，但实际上，亨利王子所致力的计划、指导，筹集经费和决定每次航行的目的地，甚至比航海更为重要。亨利王子是作为西非航海探险的组织者和开拓者被人们所记住。

整个葡萄牙的航海事业开始于亨利王子，所以后世的葡萄牙人用国旗上那一片绿色代表亨利王子，用国旗上那一片绿色向他致敬。

但这个伟大的人物，同时也是近代殖民活动的先驱，他首创的奴隶贸易，给非洲人民带来了无尽的灾难，是对非洲黑人犯下的不可饶恕的罪行。

2. 迪亚士发现了"好望角"

"好望角"（cape of good hope），意为"美好希望的海角"。但是它最初的名字不叫"好望角"，而是被称为"风暴角"。翻开地图，我们就可以发现，非洲大陆就像一个大楔子，深深地嵌入大西洋和印度洋之间，这个楔子的尖端部分，就是曾经令无数航海家望而生畏的"好望角"。

非洲好望角

好望角位于大西洋和印度洋的交汇处，是非洲西南端非常著名的岬角，它附近是世界上最危险的航海地段。在这里，强劲的西风急流掀起的惊涛骇浪常年不断，海浪翻滚让人望而生畏，经常有航船在这附近遇难。

亨利王子去世之后，葡萄牙国王若昂二世延续了他的航海梦，组织航海船队继续在非洲西海岸进行航海探险，以开拓通往印度的新航线。

1487 年 7 月，葡萄牙国王若昂二世派遣了一支由马塞罗·缪·迪亚士负责的探险船队，沿非洲西海岸南下，去寻找绕过非洲南端进入印度洋的航路。

迪亚士接受了葡萄牙国王若昂二世的命令，率领一支由三艘三桅杆斜帆帆船组成的船队，从里斯本港口出发，沿着前几任船长探查过的路线南下，很顺利地就到

葡萄牙国王若昂二世

马塞罗·缪·迪亚士

迪亚士，1487年，发现好望角

迪亚士发现好望角

达了非洲西南海岸中部的瓦维斯湾。

迪亚士的船队越过南回归线后，发现了一条被浓雾笼罩、色彩黯淡模糊的海岸线，光秃秃的好像到了另一个世界。出现在他们眼前的，便是热带非洲。船员们登上海岸，在这里竖起第一块石碑，在石碑上刻上"小港"字样，然后继续向南行驶。

在行驶中，海面突然刮起了强劲的西南风，可怕的风暴吹散了船队，把供应船吹得不知去向。迪亚士担心他的船只会因碰到礁石而毁坏，于是把船驶入深海。在远离海岸的深海中，船队在波峰浪谷中承受着狂风巨浪的撕咬。当大海稍显平静后，迪亚士再次掉转船头向东驶去，几天的航行过后，已经消失的海岸线未再出现，

迪亚士判断他的船队可能已经绕过了非洲的最南端，便又驾船向北航行，几天后看到远方出现了山脉。

经过两周与风暴的搏斗，迪亚士船队终于死里逃生，穿过了海浪区。

1488 年 2 月 3 日，迪亚士和他的船员看到了海岸线，于是驶入一处较为宽阔的海湾。船队靠岸后，迪亚士派人上岸去寻找淡水，看到了几个放牧的土著居民。土著牧民们还向他们投掷石块，吓得船员们向海岸靠拢。迪亚士以为又遇到了在非洲西海岸见过的黑人，于是用箭射死了一个土著人，把其他土著人吓跑以后，迪亚士他们走近去看，发现被射死的土著人并不很黑，他们的头发像绒毛，皮肤的颜色像"枯黄的树叶"。

迪亚士把这个海湾命名为"莫塞尔"港，并在这里树起第二块石碑，刻上"莫塞尔"之后，为了避免和当地土著居民发生冲突，就率领船队驶离"莫塞尔"港，向东行驶。迪亚士船队在 1488 年 2 月 3 日当天到达了南非的伊丽莎白港。此时，海岸线由东西向转为南北向，

海景之都——伊丽莎白港

朝印度方向缓缓延伸，迪亚士高兴地发现自己真的找到了通往印度的航线。

迪亚士还想继续他的航程，但是经过长期海上颠簸的船员已经疲惫不堪，纷纷要求返航回国。迪亚士也担心遇到海盗，只得让步，同意船队返航。又经过几天的航行，迪亚士发现了一个突出于海洋很远的海角，那正是船队当初经受大约两周时间风暴冲刷的海域。迪亚士他们在这个地方竖起了第三块石碑，把这里命名为"风暴角"，并把"风暴角"连同葡萄牙国王若昂二世的名字以及葡萄牙盾形纹徽、十字架等一一刻在石碑上，然后向北驶去。

1488 年 12 月，迪亚士在绕行整个非洲南部海岸，发现了长达 2500 千米的前人未知的海岸线之后，率领船队回到了葡萄牙里斯本港。

葡萄牙里斯本港

迪亚士带着自己亲手绘制的在当时堪称准确的地图，觐见了葡萄牙国王。葡萄牙国王对迪亚士的航海探险进行了赞扬，评价他为亨利王子70年前开始的探险画上了完满的句号。不过，他对"风暴角"这个名字不满意，他认为这是一个好的兆头，只要绕过这个狂风暴雨的海角，就有希望通往富饶的东方道路，于是给它起了个吉利的名字——"好望角"。

迪亚士发现好望角后，葡萄牙政府并没有继续派出船队前往印度。毕竟，从里斯本到达南部非洲的航程有万里之遥。将近10年之后，西班牙在航海方面的努力使葡萄牙人不得不再次派出船队。

1497年，迪亚士再次率领4艘大海船远航，沿非洲海岸绕行，沿途进行殖民贸易。

1500年5月，迪亚士船队在好望角附近遇到飓风，4艘大海船被卷入海底，所有船员全部遇难。

迪亚士的远航船队虽然没有到达印度，但迪亚士让更多人知道了好望角，为后来葡萄牙另一位航海家达·伽马成功绕过好望角驶向印度奠定了基础。

好望角的发现是人类历史上一件值得纪念的大事，它为打通东西方交通作出了贡献，使西方世界找到了通往印度以及整个东方世界的海上航线。从此，世界的交通运输开始由车马为主向以舟船为主转变，海上贸易成为世界最主要的贸易形式。

为了纪念和表达对航海家们的敬意，时至今日，每

一艘从大西洋进入印度洋或者从印度洋进入大西洋的商船，在经过好望角的时候都会鸣笛致敬。

3. 达·伽马开辟了新航路

在迪亚士发现好望角的几年后，哥伦布发现新大陆的消息就传遍了西欧，成为葡萄牙人称霸于海上的挑战和压力。为了重新夺取航海方面的领先地位，葡萄牙王室开始着手挑选通往印度的海上探索活动人选。

此时，葡萄牙国王若昂二世刚刚去世，由他的堂弟曼纽尔继位。功高震主是所有统治者的心病，新国王不愿再用已经负有盛名的迪亚士执行航海探险任务。就这样，历史选择了当时极为平常的贵族瓦斯科·达·伽马领衔出征。

1497 年 7 月 8 日，达·伽马率领由 140 名船员、4 艘远航帆船组成的航海船队由葡萄牙首都里斯本港启航，踏上了远征之旅。

达·伽马率领船队，循着 10 年前迪亚士发现好望角的航路，迂回曲折

瓦斯科·达·伽马

地驶向东方。

在大西洋上航行了 4 个月后，达·伽马船队终于抵达了好望角。

1497 年 11 月 22 日，在遭受 3 天 3 夜狂风巨浪的袭击后，达·伽马船队终于通过了好望角，进入西印度洋的非洲海岸，沿非洲东海岸继续向北航行。

1498 年 4 月 14 日，达·伽马船队停泊在今天肯尼亚的马林迪湾，也就是 80 多年前郑和下西洋来过的地方。在这里，达·伽马受到了当地人的欢迎。原来，马林迪酋长的热情另有所图，他是想和葡萄牙结成同盟以对付他的宿敌蒙巴萨酋长。双方达到一致后，马林迪酋长专门为他安排了著名的阿拉伯航海家马吉德为他领航。

10 天后，达·伽马船队在经验丰富的领航员马吉德导航下，乘着印度洋的季风，顺利地横越印度洋，到达了印度南部的大商港卡利卡特。卡利卡特港是郑和第一次下西洋来过的古里国，是当时印度的贸易中心。

在卡利卡特，达·伽马一行亲眼见证了印度的富庶，和《马可·波罗游记》中描述的一模一样。达·伽马一行用光了所有的金币，连抢带买地满载着香料、宝石和丝绸，匆匆地踏上归途。

1499 年 9 月初，达·伽马船队终于返回葡萄牙，结束了历时 25 个月的航行。启航时，船队由 4 艘远航帆船、170 人组成。返航时，船队只剩下 2 艘帆船、55 个人。

返航的船队受到了葡萄牙国王的热烈欢迎，葡萄牙

达·伽马船队到达印度卡利卡特

国王在欢迎仪式上高兴地欢呼："我们的香料和珠宝，从此再也不受别人的控制了！"

至此，达·伽马成为第一位发现和完成从西欧经过非洲南端到印度航线的欧洲人。达·伽马船队沿非洲西海岸南下，经过非洲南端的好望角，沿非洲东海岸北上，穿过阿拉伯海，最终到达了印度，开辟了从西方直达东方印度的海上新航线——印度航线，为东西方经济文化的交流做出了卓越的贡献。

达·伽马的航海探险虽然是生死之旅，但却是以征服和掠夺为目的。

1502 年 2 月，达·伽马率领装备有枪炮的 20 艘舰船，第二次踏上印度航海之旅，这次他与第一次的伪装不同，完全露出了狰狞可怖的本来面目，一路上烧杀抢掠。他的船队除了在海上公开抢劫，还把俘虏的商船连同几百名乘客全部烧死，即使妇女儿童也无一幸免。此外，为了削弱和打击阿拉伯人在印度半岛上的利益，达·伽马驱逐在卡利卡特的阿拉伯商人，袭击附近海域的阿拉伯舰队，犯下了滔天罪行。

结束第二次印度远航归来的达·伽马受到了葡萄牙国王的赏赐，先是受封为伯爵，后来又被任命为印度副王。

1524 年 4 月，达·伽马以葡萄牙印度总督身份第三次被派往印度，但好景不常，他在航程中染上疾病，当年底死在印度柯钦，从而结束了自己辉煌又罪恶的一生。

随着印度航线的开辟，欧洲殖民者给亚、非、美洲的殖民地人民带来了无尽的灾难，这是一条血泪交加的新航路。新航路的打通使葡萄牙将亚洲和非洲置于自己的势力范围之内，在整个 16 世纪里，印度洋几乎成了葡萄牙的内湖。

~~~~~~~~~~~~~~~~~~~~~~~~~

4. 哥伦布发现了新大陆

~~~~~~~~~~~~~~~~~~~~~~~~~

克里斯托弗·哥伦布，1446 年出生在意大利热那

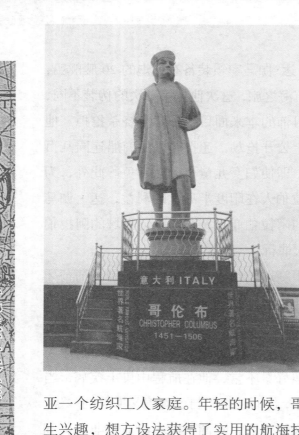

克里斯托弗·哥伦布
（西班牙语：Cristóbal
Colón；意大利语：
Cristoforo Colombo）

亚一个纺织工人家庭。年轻的时候，哥伦布就对航海产生兴趣，想方设法获得了实用的航海技术，幻想能像马可·波罗一样远行，有朝一日可以到达遥远而富庶的东方国度。

在哥伦布时代，葡萄牙是地理学研究的中心。在走南闯北多年以后，哥伦布已经成为一个经验丰富的水手，他选择了在葡萄牙首都里斯本定居下来。

为了实现自己的梦想，哥伦布先后向葡萄牙、西班牙、英国、法国等国四处游说，希望能说服其中的一个国家以获得资助，但最后只有西班牙接纳了他。

因为哥伦布生活在里斯本，所以他首先寻求葡萄牙国王的资助，因为葡萄牙有从事海洋探索活动的传统。本来，葡萄牙王室是不太听的进陌生人的奇怪建议，但葡萄牙国王还是批准为哥伦布召开一个听证会。

结果，即使是以航海立国，曾经大力支持过亨利王子航海事业的葡萄牙国王若昂二世，竟也错过了这个被后人称颂的名垂青史的航海家。

难道是葡萄牙国王若昂二世选择错了吗？大家看看哥伦布的建议就知道了。

这一时期，地球是圆的这一观点已经普及。哥伦布的想法是，既然地球是圆的，那么向西走也能到达东方。但是，航海知识丰富的葡萄牙专家们认为：向西航行到达东方的实际距离，将远远超过哥伦布的预测，这不是绕远了吗？

当时，葡萄牙的航海策略主要是越过好望角，经过非洲再向东，寻求新的航路到达亚洲，从而和印度进行贸易。因此，若昂二世拒绝了哥伦布的建议，致使哥伦布在葡萄牙的 6 年中一直饱受冷遇。

说起来，反而是葡萄牙专家的正确判断，使葡萄牙王国丧失了一次历史的机遇。

在这种情况下，哥伦布只能寻求别的办法，来到了西班牙。

1492 年，西班牙刚刚完成了国家统一，可谓百废俱兴，但是哥伦布在短短的时间里，连续得到伊莎贝尔女王的连续三次召见。

伊莎贝尔一世

　　就资助哥伦布远洋探险的条件，他和西班牙王室开始了长达三个月的谈判。

　　雄心勃勃的伊莎贝尔女王把自己的身价放低到一个普通百姓的位置和哥伦布讨价还价，而有着多年航海经验资本的哥伦布则理直气壮地为自己争取足够的权益。

　　1492年4月17日，双方签订协议，国家的意志同航海家的愿望最终结合在了一起。历史将这个千载难逢的机遇送给了西班牙。

　　协议规定，哥伦布为发现地的统帅，可以获得发现地所得一切财富和商品的十分之一并一概免税；对于以后驶往这一属地的船只，哥伦布可以收取其利润的八分

之一。

1493 年 8 月 3 日，哥伦布带着西班牙国王授予的海军大元帅的任命状，率领由旗舰"桑塔玛利亚"号、"品达"号和"尼雅"号组成的航海船队，从巴罗斯港出发了。

向西，向西，再向西。

帆船驶入了大西洋的腹地，水天茫茫，无垠无际。两个多月极其枯燥单调的海上航行让船员们接近于崩溃。尽管哥伦布为了减少船员们因离开陆地太远而产生的恐惧，每天都偷偷调整计程工具，少报一些航行里数，但即使这样也不行。因为大多数船员们相信，地球是个扁圆体，再往前航行，就会到达地球的边缘，船队就会跌进深渊里去。

10 月 10 日，不安和激愤的船员们声称继续西行就将叛乱。激烈争论后，哥伦布提议：再走三天，三天后如果还看不见陆地，船队就返航。

恰恰就是这三天挽救了哥伦布船队。三天过后，曾经声称要发动叛乱的船员们突然欢呼起来："陆地，陆地！"

这一天，是 1492 年 10 月 12 日。

10 月 12 日，这一天后来被定为西班牙的国庆日。

哥伦布和他的船员们看到的陆地，就是今天位于北美洲的巴哈马群岛中的华特林岛，他以为这个岛是印度的一部分。哥伦布率领船员们登上陆地，宣布了对它的占领，把这个地方命名为圣萨尔瓦多岛（"救世主"的意思）。

哥伦布发现这个岛既不富饶，也没有黄金，不是他们心目中要寻找的陆地。于是他们从华特林岛启航，继续航行。

哥伦布船队在海上航行了一段时间，先到达古巴、然后是海地。

哥伦布把海地岛命名为伊斯伯尼奥拉岛（意为"西班牙岛"），宣布该岛为西班牙的国土。哥伦布以为自己到了东印度群岛，所以把岛上的原住民称为"印第安人"。实际上，岛上的原住民都是散居于南美洲北岸诸海岛上的阿拉瓦克人。在海地岛附近，船队当中的一艘帆船沉没了。于是，哥伦布决定把他们其中的一部分人留在岛上，乘坐着"尼雅"号返航，把好消息带回欧洲。

美洲印第安人

1493年3月15日，哥伦布率领"尼雅"号回到了西班牙巴罗斯港。

西班牙人成功的消息震动了整个欧洲。

伊莎贝尔女王为哥伦布举行了盛大的欢迎仪式，兑现了向哥伦布事先承诺的所有物质和精神奖励。

另一边，在葡萄牙，国王若昂二世在为他当初错过了哥伦布而懊悔不已。

在哥伦布首次到达美洲后，受西班牙国王委派，先后又进行了三次横渡大西洋的航海探索。

1493年9月，哥伦布等人又组建了一支由17艘船组成的庞大船队，从加的斯出发，沿着更靠南的航线，来到了被他称为"西印度群岛"的地方。

哥伦布到达美洲

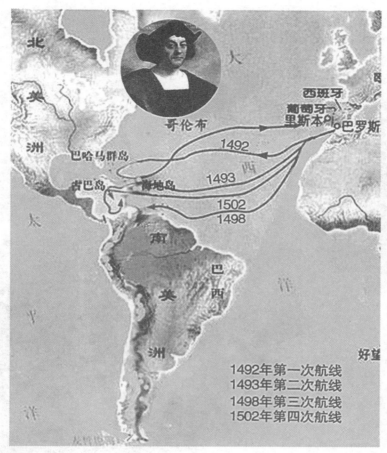

北美洲

大

西班牙
葡萄牙
里斯本 o 巴罗斯

哥伦布

巴哈马群岛

古巴岛   海地岛

南

太

南美洲

巴西

洋

好望

1492年第一次航线
1493年第二次航线
1498年第三次航线
1502年第四次航线

哥伦布航海图

　　1498 年 3 月，哥伦布第三次远航，来到了特立尼达，看到了南美洲的海岸。

　　1502 年，哥伦布第四次出海，他真正登上了美洲大陆的土地，并在巴拿马附近沿着中美洲海岸线航行。

　　在完成第四次航行回到西班牙后，由于哥伦布在新

大陆没有发现黄金，没有给西班牙带来财富，西班牙拒绝再支持他。

在经受了一系列打击后，哥伦布于 1506 年 5 月 20 日贫病交加地死于西班牙。

虽然西班牙没有公正地对待哥伦布，但历史却给予了他应有的地位。

在人类历史上，哥伦布首次发现了新大陆，开创了地理大发现时代，影响了人类文明发展进程。众所周知，葡萄牙人采用亨利王子沿海岸线慢慢探索的方式，用了将近一个世纪的时间抵达好望角，而哥伦布是第一个敢于不沿海岸线探索未知海域的人。在哥伦布第一次远航之后的 30 年里，人们就完成了环球航行。

从哥伦布发现新大陆之后，割裂的世界开始连接在一起。

在 1492 年到 1502 年的 10 年当中，哥伦布 4 次横渡大西洋，先后到达巴哈马群岛、古巴、海地、特立尼达岛、洪都拉斯和哥斯达黎加的沿海陆地。

虽然哥伦布至死都认为他到达了印度，但事实上，他到达的既不是中国，也不是印度，而是一块欧洲人从来都不知晓的新大陆。今天，我们为了纪念哥伦布，将错就错地把迎风群岛和安的列斯群岛统称为"西印度群岛"。

在哥伦布之后，意大利航海家亚美利哥·维斯普奇随同西班牙人奥赫达率领的船队从海上驶往印度，他们沿着哥伦布所走过的航路向前航行，克服重重困难终于到达美洲大陆。亚美利哥对南美洲东北部沿岸作了详细考察，并编制了最新地图。亚美利哥发现哥伦布到达的地方不是亚洲，而是一块新大陆。因此，地理学家们就以亚美利哥的名字命名这块新大陆，并在地图上也加上了新大陆——亚美利哥洲。后来，依照其他大洲的名称

亚美利哥·维斯普奇

构词形式，"亚美利哥"又改成"亚美利加"。

在当时的时代，关于大海的归属问题，人们认为大海属于它的发现者。

未知世界的轮廓才刚刚清晰，海洋上的竞争就已经摆在葡萄牙和西班牙两个毗邻的航海大国面前。一边是葡萄牙的亨利王子和达·伽马在东行印度方面所做的探索；另一边是西班牙的哥伦布和麦哲伦们在西行印度方面所做的努力，到底谁是未来世界的支配者呢？

1494 年 6 月 7 日，经过近一年时间的谈判，经罗马教皇的裁判，葡萄牙和西班牙把地球一分两半。葡萄牙拿走了东方，西班牙占据了美洲。

5. 麦哲伦船队与人类首次环球航行

每一位航海英雄的背后，都有着其深刻的时代因素，麦哲伦也不例外。

费迪南德·麦哲伦出生在葡萄牙一个没落贵族家庭，有着其他航海家所共有的特质，就是自年轻时就向往航海。他从 1505 年就参加了葡萄牙阿尔梅达舰队去印度作战，1511 年参加了征服印度洋和马六甲的一系列战斗，此后又参加了葡萄牙征服北非的战斗，在战斗中受了伤成了瘸子，不仅没有得到应有的待遇，而且还被人诬陷

麦哲伦（1480-1521年），葡萄牙著名航海家和探险家，被认为是第一个环球航行的人

在战场上开小差。

在葡萄牙，麦哲伦曾向葡萄牙国王曼纽尔提出过一个向西航行到达香料群岛的计划，他请求国王能组织船队进行一次环球航行探险。但曼纽尔和他的堂兄前任国王若昂二世犯了同样的错误，他认为东方贸易已经得到有效的控制，没有必要再去开辟新的航道。

不得已，麦哲伦带着自己的航海计划来到了西班牙。

1518年3月，西班牙就麦哲伦提出的航海西行请求，成立了一个专门委员会来论证其航海计划的可行性。最终，麦哲伦说服了论证委员会，也打动了西班牙国王。西班牙当时所需要的除了财富，就是向海外扩张，麦哲

麦哲伦和埃尔卡诺的环球航行

大西洋

太平洋

桑卢卡尔-德巴拉梅
1519年9月20日
- 1522年9月6日

加那利群岛
1519年9月26日

佛得角群岛
1522年7月9日

圣保罗岛
(沃斯托克岛 或 弗林特岛)
1521年2月4日

鲨鱼群岛
(普卡普卡岛)
1521年1月21日

1519年11月29日
1519年12月13日
桑塔露琪亚湾
(里约热内卢湾)

1520年1月12日
索利斯河
(拉普拉塔河)

好望角
1522年5月19日

希望角
1520年11月28日

1520年3月31日 圣胡利安港
1520年10月21日 维尔赫纳斯角

万圣海峡
(麦哲伦海峡)

——— 麦哲伦
— — 埃尔卡诺
★ 停靠
▲ 经过
† 麦哲伦的逝世

伦的建议非常符合国王的胃口。

麦哲伦和哥伦布一样，就自己的权益和西班牙王室进行了讨价还价后，双方签订了环球航行协议。

协议签署的消息很快传到了里斯本，葡萄牙人已经敏感地意识到他们垄断的香料贸易将受到威胁，他们试图阻止这次环球航行的付诸实施，但是说什么都晚了。

按照西班牙王室和麦哲伦签订的寻找香料群岛的协议，西班牙为麦哲伦准备了5艘远洋帆船和200名船员

胡安·塞巴斯蒂安·埃尔卡诺
1519年9月20日-
1522年9月6日

萨马
1521年3月16日
雷蒙洛
麦克坦 1521年3月17日
1521年4月27日

宿务
1521年4月7日

利马萨瓦
1521年3月28日

太平洋

盗贼群岛
（马里亚纳群岛）
1521年3月6日

巴拉望

文莱

1521年11月8日 蒂多雷

1521年12月29日 安汶岛

1522年1月25日 帝汶

印度洋

1519年9月26日	到达或经过的日期
万圣海峡	旧名
（麦哲伦海峡）	现今名

麦哲伦环球航行路线图

组成的探险队，并提供了整个探险队两年的粮食和给养。

　　1519 年 9 月 20 日，星期二，一支由 5 艘船（"特立尼达"号、"圣安东尼奥"号、"康塞普西翁"号、"维多利亚"号和"圣哈格"号）组成的船队从塞维利亚港出发了。

　　麦哲伦探险船队驶离西班牙，沿非洲西海岸南下，经过佛得角转向西行，横渡大西洋，到达南美巴西海岸，再沿海岸向南行驶。

麦哲伦船队从塞维利亚港出发了

　　1520 年 3 月 31 日，麦哲伦船队来到了现在玻利维亚东部的一个海湾，麦哲伦把它命名为"圣胡利安"港。由于南半球的冬天已经来临，麦哲伦决定船队停泊在海湾内过冬。

　　在这里，面对荒凉的海岸，加上食物的短缺，使大多数海员都感到灰心丧气，船队中的阴谋分子趁机发动叛乱。由于大多数海员忠于麦哲伦，麦哲伦立即处死了 1 名主要谋反者、放逐了 2 名谋反者，使叛乱逐渐平息下来。8 月底，麦哲伦船队由"圣胡利安"港启航，到达圣克鲁斯河口。在这里，麦哲伦船队待到了 10 月 18 日才重新出航，用了三天时间，他们便抵达那条至今以麦哲伦命名的海峡入口。这条海峡全长 600 千米，海道时宽时窄，海流湍急、礁石众多，港湾丛生、充满死湾，让人弄不清楚真正的海道在哪里。

麦哲伦用了一个多月的时间，才找到了真正连接两大海洋的通往大西洋的海峡入口处，并把海峡出口地方的一个海角命名为"希望角"（即现在的皮拉尔角）。

此时，麦哲伦已经损失了两艘帆船。一艘由他派出的探索航路的远洋帆船"圣哈格"号已经失踪，另一艘"圣安东尼奥"号则逃回了西班牙。

麦哲伦船队经过38天险象环生的艰苦航行，终于在1520年11月28日驶出到处是狂风巨浪和险礁暗滩的海峡，走到了水道的尽头。驶出这条航道，前面是一片浩瀚的海洋。

麦哲伦船队离开海峡先向北航行，越过赤道后，船队转向西航行。令人想不到的是，这片水域比大西洋还要大。哥伦布首次横渡大西洋只用了一个多月时间，然而麦哲伦船队却用了3个月20天的时间，整个航程约17000千米左右。幸运的是，自从驶入这片水域，一直天气晴和、风平浪静，麦哲伦和船员们高兴地把这片水域命名为"太平洋"。如果这三个多月不是一直碰到好天气，恐怕麦哲伦船队早就葬身在这片无边无际的大洋里面了。

1521年3月，麦哲伦船队横渡太平洋，来到菲律宾群岛，不断用血腥手段征服这个地区，并用西班牙国王菲利普二世的名字来命名这个地区，这就是菲律宾名称

宿务岛麦哲伦殉难纪念碑

的由来。由于菲律宾群岛上的一位国王十分友好地欢迎了他们，为了答谢，麦哲伦卷入了岛上的争斗。

1527 年 4 月 27 日，麦哲伦在帮助宿务岛攻打邻近的麦克坦岛时，在战斗中被杀。

麦哲伦死后，他的助手胡安·塞巴斯蒂安·埃尔·卡诺担任"维多利亚"号的船长，带领剩下的船员离开多事的群岛，继续环球航行的事业。

途中，"维多利亚"号在马鲁古群岛抛锚停泊，以廉价的物品换取了大批香料，然后越过马六甲海峡，进入印度洋，绕过好望角，越过佛得角群岛，在 1522 年 9 月 6 日抵达西班牙塞尔维亚瓜达尔基维尔河河口。他

们远航近 3 年时间，从出航时的 237 人剩下 18 人返回，完成了有史以来最辉煌的航行。

麦哲伦是第一个发起环球航行的人，但人类第一次环球航行却是他的助手埃尔·卡诺完成的。

西班牙国王对这次环球航行非常满意，他授予埃尔·卡诺一笔退休金和一个纪念他功绩的盾形纹章。纹章上面的图案是：两根肉桂枝拼成圣安德鲁十字、三只肉豆蔻和十二朵丁香、红色纹饰、城堡、羽毛和一个地球仪，上面刻着"你是第一个环绕我的人"，还有两个戴王冠的马来国王，手中拿着香料植物的枝条。对于西班牙来说，麦哲伦的航行建立了往西航行到香料群岛的航线，从此可以合法地和葡萄牙分享东方的香料来源。

此外，麦哲伦船队在航行中还发现了沟通大西洋、太平洋的麦哲伦海峡，开拓了一条经麦哲伦海峡通往亚洲东部的航线。

随着环球航行的完成，人们明白了，世界大洋都是相连的，大陆不能也不可能分割它们。借助海洋，人们可以到达世界上的任何一个地方。

麦哲伦的航行证明，地球是圆的，海洋是一个整体，不管是从东往西，还是从西往东，都可以环绕地球一周回到原地。

6. 海盗德雷克

"我们是海盗，没有明天的海盗，永远没有终点，在七大洋上飘荡的海盗。"这是流传久远的海盗之歌中的几句歌词。

海盗，乍听起来似乎不太中听，其实海盗是个古老的职业，在古希腊时期，海盗同游牧、农作、捕鱼、狩猎并列为五种基本谋生手段，不光彩的只是他们的唯利是图和掠夺行为。海盗的航海探险行为和其他航海家一样为人类航海事业做出了贡献。在某种程度上，海盗也是航海英雄。

德雷克就是一位具有传奇色彩的海盗，他是在地理大发现时期，继麦哲伦探险船队之后的第二个完成环球

弗朗西斯·德雷克（Francis Drake）（1540–1596年）是英国历史上著名探险家与海盗。

航行的航海家，连美洲与南极洲之间的"德雷克海峡"都是以他的名字命名的。另外，他的海战战术还帮助英国打败了西班牙无敌舰队。

　　弗朗西斯·德雷克，出生于英国西南部德文郡一个贫穷农庄里，从小就在海上谋生，在20岁时当上船长。很快，德雷克发现，仅在近海做点运输生意，一辈子也发不了大财，而他的表兄霍金斯却依靠贩卖黑奴财源滚滚。受表兄霍金斯的影响，德雷克卖掉了自己的小船，做起了奴隶贸易并开始了海盗生涯。

　　1568年，德雷克和霍金斯带领5艘贩奴船前往墨西哥，由于船只受风暴袭击受损严重，在得到西班牙总督

同意后进港修理，但几天后西班牙人却突然袭击了德雷克他们的船队，除德雷克和表兄霍金斯逃出外，其余英国船员全部被处死。从此，德雷克发誓一定要向西班牙复仇。

这一时期，葡萄牙环绕非洲，西班牙控制了中南美，加紧在殖民地的掠夺。源源不断的金矿、金条和金币从殖民地运回西班牙。巨大的财富，让欧洲各国动心不已，都想从中分一杯羹。

伊丽莎白一世时期的英国海上力量还很弱，还无法以国家力量进行干预。为了打破葡萄牙和西班牙的海上

伊丽莎白一世

垄断，英、法等欧洲国家怂恿海盗从海上进行掠夺，以分享殖民者的成果。

当时对海盗惩罚非常严厉，如被捉到就要被判绞刑。于是，伊丽莎白女王想出了一个颁发"私掠许可证"的主意，也就是海盗如果拥有英国政府颁发的"私掠许可证"就可以肆意在海上攻击和抢劫西班牙的货船，但抢夺的财富要按一定比例上交女王政府，而女王有时候也会投资给拥有"私掠许可证"的海盗。假如拥有"私掠许可证"的海盗被本国海军逮捕后就可以无罪释放。

就这样，德雷克得到了伊丽莎白女王颁发的"私掠许可证"。1572 年 5 月，德雷克率领 2 艘海盗船和 70 多名海盗，来到巴拿马地峡北部的迪奥斯港，第一次在浩瀚的太平洋实施越洋抢劫。

为了得到运往迪奥斯港的金银财宝，德雷克海盗团伙不得不在附近的丛林中潜伏了半年之久，在恶劣的环境里，海盗们因为气候、水土不服，一个个地倒下死去，最后德雷克的队伍剩下不到 20 人，他的两个亲弟弟也死于枪伤和黄热病。幸好一艘法国私掠船经过，德雷克成功地说服他们加入自己的队伍。

不久，德雷克终于等来了满载金银的骡马队伍，率领海盗们顺利地消灭了 50 多名护卫员，把抢到的 10 万金币和 15 吨银锭装船运回英国。

当德雷克的海盗船回到家乡普利茅斯时，百姓们扶老携幼到港口欢迎他们的英雄。为此，伊丽莎白女王专

门召见了德雷克，并且亲切的称这些海盗为"海狗"。

德雷克的成功，引起了越来越多的英国年轻人效仿，义无反顾地加入到皇家海盗的行列当中。

1577 年 12 月，德雷克率领 3 艘海盗船、2 艘补给船和 160 人的武装船队，打算绕过美洲南端远程奔袭西班牙在美洲的殖民地，当船队行驶到赤道的时候，德雷克突然宣布这次的目的地是太平洋。船员们无不感到震惊。

当时，还没有巴拿马运河，大西洋与太平洋之间只有麦哲伦海峡一条通道，海峡南岸的火地岛是一个南方大陆的北端。火地岛风高浪急不说，而且西班牙人还派

麦哲伦海峡

有重兵把守，死死地扼守在麦哲伦海峡的咽喉地带。

即使是海盗，也不愿意执行这样一个冒险计划。航行途中，德雷克遭遇了哗变，但他果断地进行了镇压，并放弃了两艘补给船。

1578年9月，德雷克船队来到麦哲伦海峡。不幸的是，他们在这里遇到了飓风，一艘船被风浪打翻沉没，一艘船被迫返回英国，只剩下德雷克率旗舰"金鹿"号通过海峡。

"金鹿"号排水量只有100吨，仅拥有18门大炮和约60名水手。即使这样，当"金鹿"号突然出现在西班牙人面前，毫无戒备的他们还是被打了个措手不及。本来，西班牙人以为只要扼守住麦哲伦海峡就万无一失，因此在太平洋上没有部署任何兵力。

进入太平洋，德雷克扬帆北上，沿着南美洲西海岸，

一路抢掠。在秘鲁至巴拿马海域，德雷克还抢劫了一艘载有大量黄金和珠宝的西班牙运金船，使"金鹿"号成了大洋上的流动金库。

德雷克清楚地意识到，西班牙人不会甘心运金船被劫，肯定会派舰队搜捕。他认为既然大西洋与太平洋在美洲南端相连，在北端也一定是相连的，于是他向北航行，希望找到回家的路。

然而就在躲避西班牙舰队搜捕时，在南美洲的最南端和南极洲的交汇处，德雷克无意中发现了一条不需要经过麦哲伦海峡就可以进入太平洋的新航道。后来，这条通道被命名为"德雷克海峡"。

其实，德雷克并非发现"德雷克海峡"的第一人。西班牙籍航海家荷赛西早在 1525 年就已发现这条航道，亲自驶船经过这个海峡，并命名为荷赛西海峡（"Mar de Hoces"）。因为"德雷克海峡"极为宽广，西班牙人难以看守。西班牙人之所以没有公开这个"秘密"，是为了以极少的兵力守住狭窄的麦哲伦海峡，把太平洋变成西班牙人的地盘。

由于德雷克的传奇色彩，"德雷克海峡"变得尽人皆知，而规规矩矩的航海家荷赛西却默默无闻。

德雷克率领"金鹿"号沿南美洲西岸一路向北，并在航行过程中第一次标出了美国西海岸的位置，这一成就和他发现"德雷克海峡"的成就，使他得以跻身世界著名航海家之列。

在美国和加拿大交界的海域，德雷克船队遭遇了恶

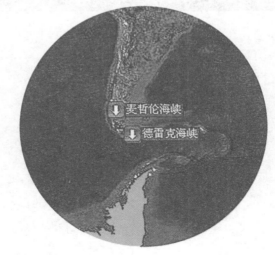

德雷克海峡
麦哲伦海峡

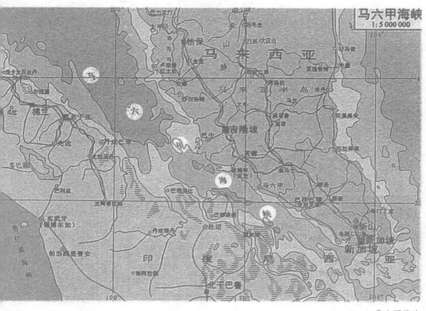

马六甲海峡

劣的气候，使北方航道变得遥不可及，他不得不放弃了寻找北方航线的努力，改为向西横渡太平洋回国。沿着麦哲伦发现的航线，经菲律宾群岛，穿过马六甲海峡，横越印度洋，绕过好望角再次横越大西洋。

1580年9月26日，德雷克率领"金鹿"号和56名幸存者，满载财宝货物回到英国普利茅斯港。

"金鹿"号此行全部航程58000千米，相当于绕行赤道1圈半。继麦哲伦之后，德雷克成为第二个完成环球航行的人。德雷克这次抢劫得来的巨额财富，对整个英国的财政都产生了很大影响。

德雷克将抢劫所得超过三分之一的财物献给了伊丽莎白女王，并把最大最好的一个宝石献给女王镶嵌在王

伊丽莎白女王把德雷克册封为爵士

冠上。

作为回报，伊丽莎白女王亲自登上"金鹿"号视察，并将德雷克请进王宫，花了6个小时听他讲述冒险经历，还把德雷克册封为爵士。

成功实施海上抢劫回国的德雷克被视为英国人的英雄。不仅如此，这位大名鼎鼎的海盗还将成为英国的海军统帅。

面对英国海盗的抢劫，西班牙为了维护自己海上霸主的地位，组建起了一支"无敌舰队"，准备进攻英国。而此时的英国海军力量还很薄弱，准备也不充分。在这种情况下，伊丽莎白女王起用了德雷克，组成了一支由海盗船队和皇家舰队编成的联合舰队。

1587 年 4 月 19 日夜，德雷克以海盗惯用的方式发起奇袭，他率领的舰队偷偷接近西班牙的加迪斯港，靠近西班牙军舰抵近射击。顿时，炮火引燃了帆布，加迪斯港陷入一片火海。

由于西班牙人毫无防备，导致 33 艘军舰和 36 艘补给船被击沉，包括 2 艘 1000 多吨的主力舰。

1587 年 5 月，德雷克再次袭击了里斯本附近的军港，使西班牙人损失惨重。

德雷克的一系列偷袭行为，把西班牙人进攻英国的时间向后拖延了 1 年，为英国人争取了宝贵的备战时间。

1588 年 7 月，德雷克被任命为英国舰队的副统帅。

1588 年 7 月 22 日清晨，英西两国海军在英吉利海

1588 年的英国与西班牙的大海战

峡展开了决定性的战斗。

1588 年 7 月 28 日，英国海军采用德雷克提出的火船战术建议，重创西班牙舰队。"无敌舰队"损失了近百艘战舰，2 万多士兵葬身海底，而英军连一艘船都没有损失，阵亡的将士不足百人。

此役，为英国即将成为新的海上霸主奠定了基础。事后，德雷克被封为英格兰勋爵。

1595 年 8 月，受伊丽莎白委托，德雷克和表兄霍金斯再次以海盗形式率队远征，意图再次对西班牙的殖民地和运输船进行抢劫，但此时的西班牙已经加强了戒备，德雷克多次攻击没有得手，而且表兄霍金斯还病死在横渡大西洋途中。不久，德雷克本人也患上了这种可怕的热带传染病。

1596 年 1 月 28 日，55 岁的德雷克死在自己的船上，水手们为他举行了海葬。一代传奇海盗就这样长眠于大海。

7. 库克船长的科学考察

16 世纪以来，随着葡萄牙、西班牙等航海强国在海洋上的扩张，一批著名航海家应运而生。这些国家的航海抢险活动的目的很明确，就是到香料群岛和中国去。

经过将近两个世纪的努力，世界上几乎所有海岸的

詹姆斯·库克（1728 年 10 月 27 日［旧制伽略历］—1779 年 2 月 14 日），英国皇家海军军官、航海家、探险家、制图师

　　大致情况都已被人掌握，葡萄牙人环绕了非洲，西班牙人拥抱了南美和中美洲，英国人了解了北美东部的大部分地区，欧洲人登上了太平洋中的很多岛屿。

　　18 世纪初，给后来的航海家留下空白的，除了美洲西北海岸和亚洲东北岸之外，就是南部大陆存在与否这个未解之谜。但是，随着一个人的出现，所有这些关于海岸地理的事，都将被解决。这个人就是英国人詹姆斯·库克，作为第一个专门从事科学考察的航海家被载入史册。

　　库克的航行既不是为了贸易，也不是为了征服，完全是出于兴趣和为了满足对于科学的好奇心。

　　促成库克船长远航的，是对"金星凌日"现象的观测计划。根据英国天文学家哈雷的研究，1769 年 6 月 3

爱德蒙·哈雷（Edmond Halley，1656 年 10 月 29 日出生于伦敦，1742 年 1 月 14 日逝世于伦敦），英国天文学家、地质物理学家、数学家、气象学家和物理学家。曾任牛津大学几何学教授，并是第二任格林威治天文台台长

日将会有一次"金星凌日"现象，观测这一现象，对于确定太阳与地球之间的距离非常重要。如果错过这一机会，下一次"金星凌日"得等到 100 多年后的 1874 年。而"金星凌日"只能在南半球观测到。

"金星凌日"现象

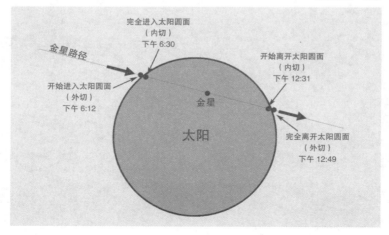

1667 年初，英国海军部和皇家学会决定派一个探险船队，去南太平洋观测"金星凌日"，同时探查南太平洋，寻找传说中神秘的"南方大陆"。

在确定探险队指挥官的人选上，英国海军部和皇家学会颇费了番思量。显然，哈雷本人作为一个纯粹的科学研究者是不适合担任这种探险任务的，而且水手们也不会服从他的命令。英国海军部的首席水道测量家达尔林普尔虽然精于测量，但他缺乏航海经验。经过认真挑选，有过水手和船长经历，参加过战斗，从事过海洋测量工作的库克成为最佳人选。事实证明，这是个非常正确的决定。

库克船长从普利茅斯启航

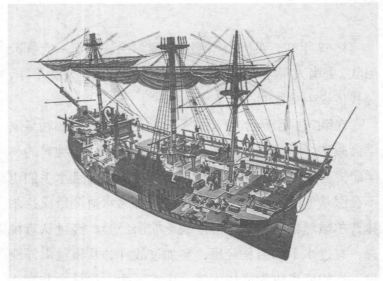

库克船长的"努力"号（"奋进"号）

　　1768 年，库克船长率领"努力"号（也译作"奋进"号）探险船从普利茅斯启航，沿着西班牙人开辟的航路，经马德拉群岛后到达里约热内卢，再绕航合恩角，于 1769 年 4 月 13 日到达塔希提岛。沿途，库克船长进行了细致的观测、测量并绘制海图，还将有关内容和自己的一些思考写进了日记里。

　　完成"金星凌日"的观测结束后，库克船长拆开海军部给他的密函，开始执行一项秘密任务，也就是在南太平洋寻找广阔且"未知的南方大陆"。按照海军部的密令，库克在南纬 40 度附近没有发现大陆存在，便沿这条纬度向西航行，在连续两个多月的航行中始终未发现一点陆地，由此得出了这一广阔海域不存在大陆的结论。

　　不久，"努力"号终于抵达新西兰，见到了陆地。

在对这里进行环航考察时，库克发现它是由南北两个岛组成。他驾船从两岛之间穿过，并把中间穿过的海峡命名为"库克"海峡。

1770年3月底，库克离开新西兰，走葡萄牙航路，经南非好望角返航，继续向西探索，于4月底抵达澳洲大陆东海岸。"努力"号驶入一个水湾后，库克船长对周边地区进行了探索，他发现这里有许多植物，就把这个海湾取名"植物湾"。之后，"努力"号继续航行，发现了澳大利亚。库克把澳大利亚东海岸命名为"新南威尔士"，并以英国国王乔治六世的名义宣布了对这个大陆的占领。在"努力"号再继续西行的时候，库克发现西南方是咆哮的海洋而不是陆地，知道了这里是新西兰北部的海湾，认为新几内亚和新西兰之间只隔着一条海峡。

1771年7月12日，库克率领"努力"号在历经2年10个月的航行后返回英国，完成了他的第一次远航，发现了澳洲大陆和新西兰，为世界地图增加了8000千米的海岸线。

1772年，库克开始了他的第二次远航。这年的7月，他率领由"决心"号和"冒险"号组成的探险船队，由普利茅斯港启航，由西向东南下绕过非洲的好望角，实现了横跨南极圈的壮举。在行至距南极海岸121千米处，因冰层过厚无法航行。经过一段时间的探索后，"决心"号回到新西兰南岸进行休整。之后，库克率领船队在新

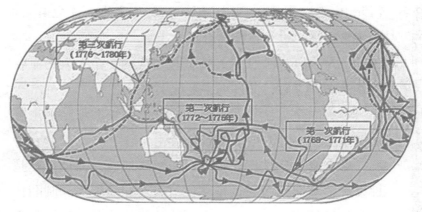

库克船长航线

西兰以东海域进行考察，也没有发现任何陆地。后来，库克又作了两次深入南极圈的努力，但始终没有发现南极洲。1774 年 1 月 26 日，库克船长第三次进入南极圈，在航行到距离南极大陆最近一个突出角只有 200 千米时，探险船队停止了前进，放弃了马上就要成功的伟大发现，得出了"南方大陆"是人类无法生存的冰原的结论。他在航海日记中写道："即使那里有陆地的话，也是块有百害而无一利的陆地。"显然，这是个错误的预言。

在返航途中，库克又发现了多个岛屿，这些新发现的岛屿无一例外成了英国殖民地。期间，他还绘制了大量的海图，对后人航海事业起到了重要作用。

1776 年，在经过一年的休整后，库克船长接受了打通"西北航线"的任务，即从北冰洋经过白令海进入太平洋。库克绕过好望角，经印度洋、澳大利亚到达新西兰，

再北上，考察了汤加、弗林德诸岛，途中发现了库克群岛。在塔希提岛，进行休整后继续北上。

1776年12月24日，他们把发现的一个无人岛命名为圣诞岛。之后，又发现了夏威夷群岛。

不幸的是，在夏威夷群岛，库克船长在和当地土著居民发生冲突时，被土著居民杀死。

库克船长是继哥伦布之后在海洋地理方面拥有奠基性发现的著名航海家，是一位给人类探险考察和制图技艺带来严格标准的杰出科学家。他留下的载有每日行程的航海日志，为人们提供了大量精确真实的航海信息。他还是地图制作者、经度仪航海测定船位的发明者以及

库克船长小屋

152

发现治疗坏血病的第一位船长。

他的一句名言经常耐人回味地被人记起："我不打算止于比前人走得更远，而是要尽人所能走到最远。"

~~~~~~

8.挑战极限——发现南极大陆的英雄

~~~~~~

自从"地理大发现"的幕布开启以来，承载着人类全部激情与梦想的航海探险活动就再也没有停止。

"地理大发现"时代，无论是葡萄牙的东行印度，还是西班牙的西行美洲，都是为了追求实际利益而进行的。从英国的詹姆斯·库克开始，才算是拉开了科学探索的序幕。随着航海家们一个个英雄般的故事，我们赖以生存着的地球上绝大部分岛屿、海洋和陆地，一一被考察和命名。

时至今日，仍然令人感到神秘而向往的，是地球的两端，被冰雪覆盖的神秘极地——南极和北极。

南极大陆是指南极洲除周围岛屿以外的陆地，它孤独地位于地球的最南端。南极大陆95%以上的大陆长年覆盖着厚厚的冰雪，远离其他大陆，被海水所包围，处于完全封闭的状态，而且也没有人能在这里长期居住。

南极洲是地球上七大洲中最后一个被发现，出现人类足迹的陆地。

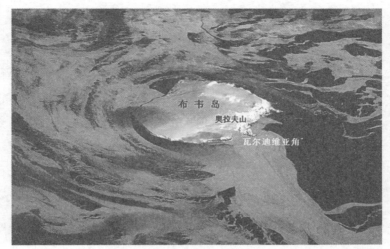

布韦岛东西长 8 千米，南北宽 6.4 千米，面积 58 平方千米，最高海拔 945 米。由黑色熔岩组成，覆有冰层。海岸陡峭，东部有冰川，北部长苔藓，并多鸟粪。无常住居民。建有捕鲸站和自动气象站。

在库克船长航行到距离南极洲 200 千米的地方停下探索的脚步，并且留下了一个南极大陆不可能存在的错误的预言之后，许多航海家却把足迹又向前推进了不少。

1738 年至 1739 年，法国人布韦航海时发现了南极附近的一个岛屿，以他的名字命名为"布韦岛"。

1820 年至 1821 年，美国人帕尔默、俄国人别林斯高晋和拉扎列夫、英国人布兰斯菲尔德先后发现了南极大陆。

1838 年至 1842 年，英国人罗斯、法国人迪尔维尔、美国人威尔克斯等先后考察了南极大陆。

1911 年，阿森豪率领的 5 人探险队成为人类登上南极点的第一次。

但第一个发现南极大陆的航海者至今仍有争议，其中俄国人别林斯高晋和拉扎列夫被认为可能性最大。

在通往南极大陆的过程中，有的航海探险家甚至献出了宝贵的生命。英国海军上校斯科特探险队就是其中的代表，斯科特和4名队员虽然已经到达了南极，但没有能从那里走出来，全部冻饿而死。他留给这个世界的最后的话语是："我们的遗骸和这些潦草的便条也将一定会讲述我们的故事，而且我们富强的祖国会证明，一定会证明，那些支持着我们的人的信心没有被辜负。"

9. 探险北极的航海英雄

关于北极的知识，人们是以最无畏的勇气和耐力逐渐获得的。对它的每一次探险，都是一个英雄般的故事。

北极地区常年被冰雪覆盖，气候非常恶劣，但这并没有阻止人类对它的探索。据记载，早在2000多年以前，古希腊一个名叫毕则亚斯的人勇敢地扯起了风帆，从今天的马塞出发，开始了人类历史上第一次有理性的北极探险，虽然他航行的目的是为了替马塞利亚的希腊商人到遥远的地方去寻找锡和琥珀。当时，锡和琥珀在欧洲市场上价格非常昂贵。他用了大约6年时间完成了这次航行。据他的记载推测，他当时可能到达了不列颠群岛，

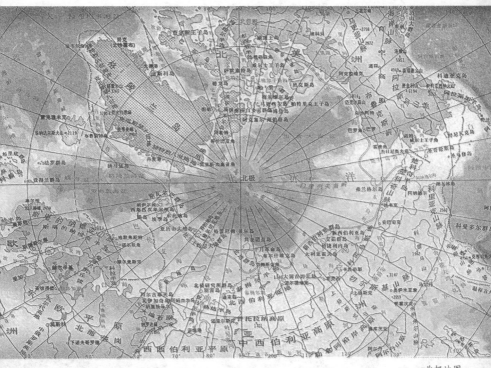

北极地图

然后北上进入传说中的图勒大地。根据他的航海日志中记载的"陆地和水都悬浮着,既不能踏足也不能航行"、"太阳落下两三个小时又会升起来"等内容推断,毕则亚斯应该已经非常接近北极圈了。毕则亚斯从北极探险归来,过了不久就死去了。

在之后的1000多年漫长岁月里,很少有人问津北极。

一直到14世纪初,一件纯属个人行为的经历被记录下来,被一些前往东方的传教士带回西方世界并传播开来,这就是马可·波罗的东方之行和他的《马可·波罗行纪》。后来,这部游记跻身信史行列,并激励着人

们去发现新世界。据游记中说，那时候亚洲北极地区的商品和贸易主要都是运往中国的。因为书中描述的中国是一个"黄金遍地，美女如云，绫罗绸缎应有尽有"堪比天堂的国家，从而引起了西方人的好奇心，同时也勾起了他们掠夺的欲望。因为中国，北极也重新进入人们的视野。

1500 年，葡萄牙人考特雷尔兄弟，沿欧洲西海岸往北一直航行至位于北美大陆东海岸、北纬 50 度左右的纽芬兰岛，继续从纽芬兰向北航行，希望找到一条通向中国的捷径，却一去不返。

在此后的几百年间，许多和考特雷尔兄弟怀有同样梦想的航海家们前赴后继地奔赴那时常大雾弥漫的白色冰原。面对未知的前方，他们抱定信念：既然麦哲伦船队的环球航行已经证明地球是圆的，那么在这片北方的冻海上，无论向西还是向东，都能以更短的路程到达东方。

围绕往北去寻找一条新的更短的通往中国之路，许多国家进行了探索新航线的努力。

英国人对东北航线进行了探索，虽然没有结果，却和俄国建立通商关系，从中赚取了巨额利润。荷兰突然对东北航线产生了兴趣，授命布鲁内尔组成了荷兰自海商业公司，以开展与北冰洋沿岸狩猎者的直接贸易。其实，贸易只是一个幌子，其真实意图是寻找东北航线。布鲁内尔的航行虽然没有成功，但他作为荷兰的第一个北极探险者，为后来的探险家开辟了道路。

1594年，有3艘船从荷兰的阿姆斯特丹出发，再一次踏上了远征北极的航程。其中有一艘是由著名的航海探险家巴伦支指挥的。年仅34岁的他第一次开始了探险生涯。

巴伦支在他短暂的一生中有过3次航行，虽然每次都进入了北冰洋，但前两次都没有什么特别的建树。1596年，巴伦支船队第三次踏上航海探险之旅，他们不仅发现了斯匹次卑尔根群岛，而且深入到北纬79度49分的地方，创造了人类北进的新纪录。之后，巴伦支继续向东北行进，直到他们的船只被冰封住为止。虽然天气极为寒冷，环境极为恶劣，还经常受到北极熊的袭击，巴伦支和他的船员们克服了常人难以想象的种种困难，顽强地生存下来，成为第一批在北极越冬的欧洲人。直到第二年夏天，他们的航船挣脱了坚冰的围困，又回到自由的水域。然而此时的巴伦支已经病入膏肓。他在临死之前写了3封信，一封放在他们越冬住房的烟囱里，另外两封分开交给同伴，以备万一遭到不测，能有一点文字记录流传于世。1597年6月20日，巴伦支病死在一块漂浮的冰块上。

两个多世纪之后的1871年，一个挪威航海家又来到巴伦支当年越冬的地方，从烟囱里找出了那封信。巴伦支的航行不仅都有详细的文字记载，而且他还沿途绘制了极为准确的海图，为后来的探险家提供了重要依据。

荷兰航海探险家巴伦支

　　为了纪念他，人们把北欧以北，他航行过的一部分海域命名为巴伦支海。

　　值得一提的是，巴伦支探险船队一行的17名船员中，虽然有8人在恶劣的环境中死去，但却做了一件令人难以想象的事情，他们丝毫未动别人委托给他们的货物，而这些货物中就有可以挽救他们生命的衣物和药品。

　　冬去春来，幸存的探险者们终于把货物几乎完好无损地带回荷兰，送到委托人手中。他们用生命作代价，赢得了海运贸易的世界市场。

　　当巴伦支探险船队的探险者们从北冰洋死里逃生，航行1600多千米回到他们的祖国阿姆斯特丹时，正值荷兰一支满载着货物的船队绕过合恩角，从印度胜利而归。航海英雄的探险行为最终抵不过商业的成功。作为一个商业性国家，荷兰失去了北极探险的动力，不再对

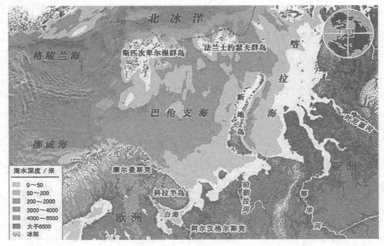

寻找通往东方的海路产生兴趣。

　　人类向北极进军的脚步并没有因为某一次失败和挫折而放弃，而是不断继续前行。

　　1610 年，英国人哈德孙在第三次北极探险的航程中发现了哈德孙湾，却为此献出了宝贵的生命。

　　1725 年 1 月，丹麦人白令接受俄国彼得大帝的任命，去完成"确定亚洲和美洲大陆是否连在一起"的任务。他用了 17 年的时间，完成了两次极其艰难的探险航行。在第一次航行时，他在北极地区发现了几个岛屿，绘制了堪察加半岛的海图，并且顺利地通过了阿拉斯加和西伯利亚之间的航道，也就是现在的白令海峡；由于政治上的原因，他的第二次航行直到 1739 年才得以实现。这一次，他达到了北美洲的西海岸，发现了阿留申群岛和阿拉斯加，使得俄国对阿拉斯加的领土要求得到了承认。他两次航行所取得的巨大贡献，是以自己和船员们的生命为代价的。在两次探险中，共有100多人死去，其中也包括白令自己。白令死于坏血病。

19世纪的英国，通过海洋大肆向外扩张，几乎占据了大半个地球。从拥有海洋方面来说，19世纪也可以称得上是英国人的世纪。在打败法国之后，为巩固和显示自己的海上霸主地位，并趁机扩张英国的版图，英国海军部决定重新开始对北极地区的调查和探索。

1818年，4艘英国军舰开启了向北极进军的航程。其中的两艘船因为遇上恶劣天气，不得不半路上返航。由约翰·罗斯船长和他的副手威廉·潘瑞指挥的另两艘船，先是在格陵兰岛北部的迪斯科湾救出了冻在那里的45名捕鲸者和他们的船只，然后继续往北，于当年的8月8日发现了生活在地球最北端的爱斯基摩部落，即北极因纽特。在这次航行当中，罗斯的船队深入到兰开斯特海峡达80.4千米，他因为看到了一些连绵的群山和陆地，便以为这只是一个海湾。尽管其副手潘瑞一再请求继续前进，他却决定返航。他们差一点就打通了西北航道。

他们历尽千辛万苦地在浮冰上走了61天，步行了1600千米，而实际上却只向前移动了270千米。潘瑞由此发现了一个极其重要的事实：北极冰盖是在不停移动着的。当他们往北走时，冰层却载着他们向南漂去。

在之后的几十年时间里，英国人又从海上和陆上多次深入美洲的北极地区，其足迹一直延伸到阿拉斯加。

　　1831 年 5 月的最后一天，曾经在 1818 年前往北极探险的约翰·罗斯船长的侄子，年轻的克拉克·罗斯在人类历史上第一次确定出了北磁极点，指南针的垂直倾角达 89°59'。接着他又挥师南下，试图到达南磁极，虽然没成功，却发现了罗斯海和维多利亚地。这在南极探险中也是了不起的成绩。

　　为了鼓励新的努力，英国政府决定设立两项巨奖：2 万英镑奖励第一个打通西北航线的人，5 千英镑奖励第一艘到达北纬 89 度的船只。

　　1845 年 5 月 19 日，富兰克林率领由英国海军部为他们提供的装备有当时最先进的蒸汽机螺旋桨推进器的两艘轮船，沿泰晤士河顺流而下。当时几乎所有人都认

爱斯基摩部落

为那两项巨额奖金肯定会被富兰克林争得。但自从 7 月下旬，有些捕鲸者在北极海域看到了富兰克林的船队后，他们便消失得无影无踪。

1848 年之后的十几年里，40 多个救援队前往搜索富兰克林的踪迹，最终得以查清了富兰克林船队遇难的原因，也极大地丰富了关于美洲北极地区的地理知识，对北极地区的洋流和冰盖漂流有了更多的了解。

富兰克林的悲剧使英国人对西北航线一度失去热情。但是，出乎人们意料的是，英国人为之付出几百年代价没有得到的荣耀却被挪威人摘取。

1903 年 6 月，挪威探险家阿蒙森在经过 3 年精心准备之后，精心挑选了 6 个伙伴。之后，阿蒙森一行 7 人和一条小船，悄悄地离开奥斯陆码头，向茫茫的大海驶去。他们在 8 月 20 日进入兰开斯特海峡，又过了两天便登上了富兰克林当年越冬的那个小岛。他们继续沿富兰克林当年的路线南下，终于观测到了磁针垂直的北磁极点。由于罗盘失灵，面对经常弥漫的大雾，他们小心翼翼地行动，在富兰克林探险队全军覆没的威廉王岛度过了第一个冬天。运气极好的 7 人船队，不仅可以猎到驯鹿，而且还交了许多爱斯基摩朋友，与他们一起旅行，一起打猎，学到了许多东西，轻松地度过了难熬的冬天。

1905 年 8 月 26 日，阿蒙森驾着他们的"格加"号小汽船终于走出了加拿大北极地区那岛屿密布、冰山林立的迷宫，进入了广阔的波弗特海。在这里，他们突然

罗尔德·阿蒙森（Roald Amundsen，1872年7月16日—1928年6月18日），挪威极地探险家，第一个到达南极点的人

遇上了一艘属于白令海捕鲸船队的美国捕鲸船，这意味着西北航线的发现终于从梦想变成了现实。一年以后，即1906年8月的最后一天，阿蒙森驾着小船进入了阿拉斯加西海岸的诺姆港，宣告了他这次历史性航行的最后胜利，人们几个世纪来为之奋斗的目标终于实现了。

随着欧亚大陆以北一系列岛屿的相继发现，东北航线的轮廓也变得越来越清晰了。

1879年7月20日，芬兰籍瑞典人诺登许尔德男爵用了一年零两天的时间，绕过亚洲大陆的东北角，进入白令海峡，来到了太平洋，最终打通了人类为之奋斗了几个世纪并付出了巨大代价和牺牲的东北航线。

其实，人们对于到达北极点的初衷只是想越过它找到一条通往中国的近路，北极本身反倒是件无关紧要的事情，但是后来，美国人把到达北极演变成了一场纯粹的体育比赛，看谁能够最先到达"世界之巅"。1909年，美国人皮尔里首次到达北极点，摘取了这顶桂冠。

在赴北极探险之前，皮尔里挑选了一艘经过专门设计的船，作了极为充分的准备工作。他发现北极的冬天并不可怕，反倒是探险的最好季节。既然爱斯基摩人能够在北极生存，那么他们的生存方式肯定是在北极生存的最好方式。皮尔里除了在居住、行进和衣服帽袜等方面都采用爱斯基摩人的生存方式，而且还直接雇佣爱斯基摩人为他驾驶狗拉雪橇，并沿途建造冰房子。

为保存体力，他在离北极点只有664.6千米的哥伦比亚角建起了一个大本营，将必需的物资和食品运送到指定地点。这样，他们就可以从离北极最近的补给点向北极点冲击。

1908年7月，在两次试探和冲击失败后，皮尔里第三次向北极点发起冲击。和他一起踏上航程的有包括船长、医生、秘书和助手在内的22个人，以及59个爱斯基摩人和246条狗。

9月初，皮尔里探险队驾驶着他特制的"罗斯福"号到达了北极海域，事先把所有东西都运到了哥伦比亚角的陆上基地。

1909年2月，由24个人、19个雪橇、133条狗组成的皮尔里探险队从基地出发，冒着零下五六十度的严寒，在漫天飞雪中开始远征。一直行进到离北极点

皮尔里（Peary,Robert Edwin），美
国探险家，1856 年 5 月 6 日—
1920 年 2 月 20 日。1881 年开始美
国海军中任土木工程师；1909 年
皮尔里抵达北极；1911 年被任命
为美国海军少将

还有 214 千米的地方，皮尔里让最后一批支援人员返回，只带了自己的黑人助手亨森和 4 个爱斯基摩人作最后的冲刺。

1909 年 4 月 6 日，他们终于到达了最后的目标，北纬 89° 57 '。他们用了 30 多天时间到达了过去 300 多年来人们无法到达的终点。

至此，人类在北极所追求的三大目标，即东北航线、西北航线和北极点都达到了，尽管付出的代价相当昂贵。

在这些挑战极限的活动中，人类不仅认识了北极，也检验了自己向大自然挑战的信心、决心和能力。

……

探险家们以非凡的勇气和坚定的信念，沿着前人的足迹不断向未知的领域进军。

在今天的北冰洋地图上，清楚地记录着探险家们的功勋，同时也证明了他们最初的判断：北冰洋有三条航道连接着东方和西方。

东北航道的大部分航段位于俄罗斯北部沿海。从摩尔曼斯克出发，航行 5620 海里向东穿过巴伦支海、喀拉海、拉普捷夫海、新西伯利亚海和楚科奇海五大海域，可以到达白令海峡和远东的符拉迪沃斯托克（即海参崴）。

西北航道大部分航段位于加拿大北极群岛水域，以白令海峡为起点，沿美国阿拉斯加北部海域向东，穿过加拿大北极诸岛，直到戴维斯海峡。

北冰洋理论上还有一条穿越北极点航线：从白令海峡出发，不走俄罗斯或北美沿岸，直接穿过北冰洋中心区域到达格陵兰海或挪威海。

从打开的地图上我们可以看出，各个方向的航道四通八达，大大小小的岛屿星罗棋布，如同密布的星空和迷宫。不用说气候恶劣，冰上塞路，就是在通常情况下，如果没有精密的仪器指示方向，要找到一条正确的通道也决非易事。探险家们费尽千辛万苦寻找到的航线意义何在，对于今天的世界意味着什么？

北极的价值，主要集中在航道和资源两大优势。随着航海技术的发展，人类逐渐认识到通过北极地区是从东西半球到另一半球的最短航线。北冰洋以前一直被冰雪所覆盖，通行不便，近些年随着全球气候变暖，北极

东北航道和西北航道

　　冰川融化后，一些港口能够短距离实现通行，对世界航运的布局带来很大变化，北极航线成为连接亚洲、欧洲与美洲的一条便捷航线。

　　当今国际贸易主要依靠航运来完成，而北冰洋航线正连通北美、西欧和东亚三大经济活跃区域。那么，航程缩短就意味着可以为海运节省大量成本。就海上运输而言，北冰洋航线是俄罗斯欧洲部分与远东地区联系的捷径，从摩尔曼斯克到东方的符拉迪沃斯托克（海参崴）

之间的航距为 10400 千米，走此航线比绕道苏伊士运河要近 13700 多千米，比绕经好望角的航线要缩短 20000 多千米。

北极地区扼亚、欧和北美大陆的战略要冲，因而具有重要的军事战略价值。1941 年，日本海军大将山本五十六指挥主力舰队偷袭珍珠港，使美国蒙受了巨大损失，接着又在 1942 年出兵占领了阿留申群岛顶端的两个岛屿，这一举动使美国人猛然意识到，日本人有可能通过阿拉斯加从北面袭击美国本土，于是阿拉斯加一夜之间便身价百倍，成了美国人"最后的前线"。

"二战"期间，北冰洋的某些通道是同盟国抗击德国的重要战略航线，西方的援助物资有相当大一部分是通过北冰洋运进苏联的。由于北极地区是美国和苏联间最近的通道，所以北冰洋在冷战期间又变成了美苏对抗的最前线。冷战结束后，北极军事对峙缓和，但美俄仍在这一地区保持战略力量存在。

北极地区拥有的大量珍贵资源，使北冰洋沿岸国家越来越重视北极的开发。

世界经济增长速度越快，对能源的需求就越多。许多国家出于主权利益、科学研究、和平利用等各种需要，努力保持在北极地区的军事和战略存在。

可以预见，美国和加拿大、北欧地区国家与俄罗斯等环绕北极国家围绕北极的争夺将愈演愈烈。

后　记

一

好朋友总是在对方需要的时候出现，平时则有如老死不相往来。我和林风谦就是这样。

20世纪90年代，我和风谦成为军校的同窗好友。毕业后，我们像蒲公英一样被各自的理想吹落在海军扎根，后来又以不同的方式告别军旅。

2015年国庆期间，我和风谦在青岛见面，得知风谦即将从海军石家庄舰政委的岗位上退出现役，他说要听从自己内心的召唤，转业从事自己所喜欢的公益事业。重要的是，他始终不能忘情于海洋，常常感叹："在我们国家，海洋教育简直太缺乏了。缺乏到许多人只知道我们国家有960万平方公里陆地国土，却不知道我们还有300多万平方公里管辖海域……"于是，转业之后，他一头扎入自己喜欢的公益事业中，"拥抱海洋——青少年海洋国防意识培育"自然成为他公益活动中的一个

重要内容。当时，他已经与一群退伍转业军人，用业余时间走进校园，广泛开展这项活动并深受师生欢迎，目前该项目先后获得 2015 年山东省首届志愿服务项目大赛银奖、2016 年青岛市十佳青年公益项目、2017 年中国青年社会组织公益创投大赛山东站三等奖。

宣传海洋，讲述关于海洋的故事，一两次演讲可以用自己的经历作为素材，时间久了，就需要用系统的海洋知识作教材。在酒精的作用下，我和风谦一拍即合：咱们以青少年为主，编写一套海洋教育读本吧。

于是，就有了这套书。

二

　　如果想要走向海洋，就必须科学地认识海洋。我们所有的海洋知识都从历史中得来，得益于航海先驱们的正确经验，他们关于海洋的所有记忆都是留给我们的宝贵财富。

　　但是，关于海洋的文章浩如烟海，无法全部用于普及教育，必须有所选择，有所取舍。我们决定把这套海洋教育读本分成三卷本，一卷介绍海洋知识，一卷记录航海英雄们走向海洋的过程，另一卷讲述发生在海洋上的主要战争。这个三卷本的写作并非完全是文学意义上

的创作，而是像一本叫《金蔷薇》的书中记述的"我们，文学家们，以数十年的时间筛取着数以百万计的这种微尘，不知不觉地把它们聚集起来，熔成合金，然后将起锻造成我们的'金蔷薇'———长篇小说、中篇小说或者长诗。"我们仿照这个过程，努力地筛取与海洋有关的微尘，聚集能够为我所用的有价值的文字。

知识的获得从来都是一个接力的过程。

致力于海洋方面的研究是一个接力过程，对于海洋的宣传教育也是个接力的过程。我始终觉得，我们有责任把无数专家学者的研究所得推荐给越来越多的人，让他们的研究所得甚至是毕生心血不至被湮没。另外，

我们注意到，研究方向越集中，研究越深入，越容易有新的发现。在这个挖掘过程中，旧的发现很容易被新的发现所掩埋。我们要做的，是尽量把价值的东西呈现给大家。

传播海洋知识，我们决心努力接过手中的这一棒。

令我们欣慰的是，在我们发起的这次海洋教育公益活动中，有许许多多的人和我们在一起奔跑。在这套海洋教育丛书撰写工作即将完成之际，风谦在腾讯发起众筹的同时，也通过朋友圈向同学、朋友进行宣传，把募集经费的过程作为一次海洋教育的过程。大家的关注和无私捐助使我们深受感动。感谢爱基金理事艾红学使图书有了一个明确定位，感谢爱基金会长陈立刚、理事朱军和快乐沙爱心帮扶中心爱友宫钦良、孙春英等的鼎力相助，感谢快乐沙"拥抱海洋讲师团"各位成员在项目上的辛苦付出，也感谢我的家人给予我的支持，帮我搜集资料、提出修改建议。

三

为了让大家易于也乐于接受，使亲爱的读者诸君看起来更直观一些，我们在第一卷《海洋广角》里面插入了大量的插图，不少是请我的中学同学、美术教师陈朝银先生专门绘制的；另外两册，则以照片为主。其中有青岛摄影家宋德芬免费提供的，也有我去海滨城市和海

战场遗址现场拍摄的。

在制作方面，年轻的设计师胡长跃先生非常用心，充分地加入自己的理解。他认为，知识之树常青，故《海洋广角》的封面基调应该是偏于青色和蓝色的；航海带来的是成就和荣耀，故《航海英雄》封面基调可以是黄色的；战争是血与火的洗礼，所以《海上战争》应该是红色的。善哉斯言。

在这套书即将出版之际，感谢海洋出版社邹华跃主任、赵武编辑的努力和辛勤劳动，感谢所有关心关注我们这次公益活动的参与者、捐助者和亲爱的读者诸君。希望有越来越多的人加入我们的行列。让我们一起拥抱海洋、奔向海洋。

182

海洋大讲堂

海上战争

展华云　林风谦　著

海军出版社

2018 年·北京

图书在版编目（CIP）数据

海洋大讲堂 / 展华云，林风谦著．
—— 北京：海洋出版社，2018.7
ISBN 978-7-5210-0144-0

Ⅰ．①海… Ⅱ．①展… ②林… Ⅲ．①海洋－普及读物 Ⅳ．① P7-49

中国版本图书馆 CIP 数据核字 (2018) 第 155760 号

海洋大讲堂
HAI YANG DA JIANG TANG

作　　者：展华云　林风谦
责任编辑：赵　武　黄新峰
责任印制：赵麟苏
排　　版：胡长跃
出版发行：海洋出版社
发 行 部：（010）62174379（传真）（010）62132549
　　　　　（010）68038093（邮购）（010）62100077
总 编 室：（010）62114335
承　　印：北京朝阳印刷厂有限责任公司
版　　次：2018 年 7 月第 1 版第 1 次印刷
开　　本：889mm×1194mm　1/32
印　　张：17.75
字　　数：340 千字
全套定价：68.00 元
地　　址：北京市海淀区大慧寺路 8 号（100081）
经　　销：新华书店
网　　址：www.oceanpress.com.cn
技术支持：（010）62100052

目录

写在前面

远行，多意味着进取；家园，经常与保守同在。

那些立志海上远行的先驱者，他们在不断向远方了解自身居住地之外世界的同时，也屡屡与战争遭遇。拓海封疆与保卫家园经常发出不同的声音。

自从战争降临到海上，海战就发展为独特的战争样式。海战不仅要借助于航海工具来完成，而且要克服海洋条件下的一切困难和麻烦，才有可能取得最终胜利。

科技为战争助力，使战争表现得更为残酷。随着决定战争的因素越来越多，海战也日益成为一门战争艺术。武器装备的优劣、士兵士气和训练水平的高低、指挥官的战术素养和指挥水平等等，这些都决定着战争的胜负。

残酷的战争在夺走众多鲜活的生命的同时，也引发着爱好和平的人们的深深思考。为什么战争会降临？怎么样才能避免战争？

每次海战都有不同的借口，每次海战的胜败事先都没有给出统一的答案。然而，对于爱好和平的人们来说，只有希望是一致的，那就是化剑为犁。

我们在书中列举了 20 个海战案例，希望能引发大家对海战的关注，并对大家的工作和学习有所帮助。

楔　子

　　浩翰的海洋孕育了人类最初的生命，也成就了辉煌灿烂的海洋文明。

　　人类对于海洋的利用开发，是从"渔盐之利、舟楫之便"开始。古代人类把渔猎作为赖以生存的主要手段之一，把舟船作为渡海工具，把海洋作为通道，堪称伟大的创举。

　　为了更好地生存，人类逐渐把居住地迁移到靠近河流、湖泊和海洋的地方。于是，在靠近河流和海洋的地域形成了世界最早的文明。世界最早的文明离不开对海洋的开发、利用、管理和控制。

　　人类最早开发和利用海洋的历史，也是靠近河流和海洋的文明国家不断向远方去了解自身居住地之外的历史。他们了解外部世界的方式主要是贸易和征服，或贸易，或征服，或贸易不成而征服。

　　人类争夺海洋的管理和控制权是从保护海洋贸易开始的。海上贸易带来的巨大利益，引来了杀人越货的海盗。为了保护海上贸易船队的安全，最初的海上武装便应运而生。

　　海军为海战而诞生。

海军最早的任务除了保卫本国的海上商路安全，还要为争夺海上霸权服务。海军不仅要为陆军实施强有力的支援和保障，并且还要能够御敌于海上。

海军为战胜而诞生。

第一辑

人类早期的海战

1. 海军的诞生

孕育了人类最初的生命，曾经为人类提供"渔盐之利、舟楫之便"的海洋，在激烈的利益争夺中，竟然演变成争夺厮杀的另一个战场，这是之前的人们没有想到过的。

海军是个特殊的军种，从组建之时就对科学技术十分依赖。海上航行和作战离不开性能良好的舰船，需要准确地为舰船定位，需要足够的动力保证舰船前进，需要有效的武器保证作战胜利，需要克服种种恶劣的气象。从事海上航行和作战的人需要掌握相应的技术，而航海和作战的本领来自严格、正规、复杂的训练。

在人类早期，战争是随着造船业和航海技术的发展开始降临到海上的。人类最早的海战，其实和陆地上差不多。只不过交战的场所由陆地变成了海洋。交战时，双方各自驾船抵近对方，用刀枪等冷兵器实施攻击，后来又出现了使用火攻的作战方式。据说，在地中海的古老海战中，有的交战方利用镜子的聚焦原理，聚集太阳光点燃对方的船帆，从而取得胜利。

古罗马海军在阿克提姆海战中，使用火焰抛射器来投掷沥青和木炭，打败了埃及舰队。

后来，随着专门用于海战的军舰出现，海上武器也日趋丰富，接舷战成为主要作战样式。接舷战就是用己方船舷靠近敌方船舷，使用接舷跳板搭在敌船舷上，士兵通过跳板冲上敌船格斗。

阿克提姆海战

克里特岛

　　在早期的地中海地区，不仅产生了海军和海军战术，而且海权思想开始萌芽。

　　在地中海东部，被视为爱琴文明的诞生地和西方文明源头的克里特岛，克里特人为了保护自己的海上贸易，发展起了一支在地中海周围最强的海上武装。

　　精于航海的腓尼基人在多个殖民地进行苦心经营，形成了一个个小城邦，迦太基从中脱颖而出，最终称霸于西地中海。

腓尼基人

　　希腊人在地中海也进行了广泛

斯巴达和雅典

的殖民活动，由于希腊人喜好分散的天性，最终没有形成一个统一的国家，注定成不了最强大的海洋帝国。在古希腊城邦当中，斯巴达和雅典最终成为希腊半岛上的两个霸主。

当海洋一再被殖民者重视，能否拥有强大的海上武装就成了决定国家生死存亡的事，海军战略被上升到国家地位来考虑。古希腊著名海军将领地米斯托克利更是鲜明地提出："谁控制海洋，谁就能控制一切"。在地米斯托克利的带领下，雅典耗费巨资组建了当时最先进的海军舰队，并且靠这支舰队打败了数倍于己的波斯帝国。

古罗马开始时和希腊人一样有远见，很早就组建了一支强大舰队，为后来打败北非强国迦太基埋下了伏笔。古罗马政治家西塞罗的观点和地米斯托克利的观点大同小异，他曾断言："谁能控制海洋，谁就能控制世界"。

围绕贸易组建起来的那么多海上武装，迟早要在海上相遇，海上战争也就成了不可避免的事。

2. 萨拉米斯海战

公元前 521 年左右，强大的波斯帝国控制了伊朗高原、中亚细亚和印度河流域西北部、两河流域、小亚细亚、叙利亚、巴勒斯坦、埃及等广大地区之后仍不满足，决意向西扩张，连年入侵希腊领土，从而引发了持续长达半个世纪的"希波战争"。

在这种情况下，处于分散状态的希腊各城邦不得不暂时团结起来共同抵抗波斯军队。在希腊各城邦中，斯巴达拥有强大的步兵、雅典拥有强大的船队，加上希腊半岛多山和粮食缺乏的自然条件，对波斯军队形成了制

萨拉米斯海战

约。波斯军队的粮草补给只能从海上提供，大军西征必须沿海岸前进，因此，波斯帝国为夺取爱琴海的制海权，组建起一支强大的舰队。

波斯帝国大规模入侵希腊的军事行动，一共有三次。

波斯军队的第一次远征希腊发生在公元前492年，因波斯的舰队遇到了大风暴损失严重，无法配合陆军作战并为陆军提供支持、保护，不得不半途中止了这次军事行动。

波斯军队的第二次远征希腊是公元前 490 年，著名的马拉松之战爆发。波斯军队采取从海上直接入侵的方式，以特制的运兵船搭载了一支 1 万人的骑兵部队在离雅典城仅 42 千米的马拉松登陆。面对大军压境，雅典人在派使者向希腊城邦中的斯巴达救援的同时，自行组织一支约 8000 人的军队急行军到达马拉松。不料，求援遭到斯巴达的婉言拒绝，雅典军队只好进行单独战斗。

由于马拉松平原很窄，南北面都是沼泽地，不利于骑兵展开。一场血战，波斯军队竟然大败，在丢下 6400 具尸体和 7 艘大船后，狼狈逃回了小亚细亚。为了将胜利的消息及时传到雅典城，希腊人派了一个名叫斐力皮德斯的士兵回去报信。斐力皮德斯是希腊著名的长跑家、

"飞毛腿"，为了让故乡人早知道好消息，他从马拉松镇一直跑到雅典。当他到达雅典时仅说了句"我们胜利了"，就精疲力竭地倒地死去。

为了纪念这一事件，在1896年举行的第一届奥林匹克运动会上，设立了马拉松赛跑这个项目，把当年斐力皮德斯送信跑的里程42.193千米作为赛跑的距离。

希腊人第一次在陆上击败劲敌波斯，不禁沾沾自喜，认为威胁可以从此解除。看来，一战能管多少年的幼稚观点在古代也有。但是，雅典海军统帅地米斯托克利始终保持了清醒，他认为马拉松战役只不过是希腊和波斯之间漫长战争年代的序曲，除非雅典能够建立一支强大的舰队，足以赢得爱琴海的控制权，否则迟早会被强敌消灭。

地米斯托克利认为，希腊的未来在海上。为了赢得未来的海上战争，地米斯托克利为建立一支强大的海军舰队绞尽脑汁。更为幸运的是，雅典人在罗马尼亚劳里昂发现了丰富的银矿。地米斯托克利说服雅典人将这笔财富用来建造了100艘有3层桨架的战船。

地米斯托克利

正如地米斯托克利当初所判断的，波斯帝国在马拉松之战以后的 10 年里，一直煞费苦心地准备第三次入侵希腊。

公元前 480 年，波斯国王薛西斯亲率 36 万大军（号称百万）、1200 多艘战船，分海陆两路再次进军希腊，引发了著名的"萨拉米斯海战"。当时，希腊联军总兵力只有约 10 万人，战船不足 400 艘（其中雅典独自提供 180 艘），敌数倍于己。

萨拉米斯海战从一开始就是一场不对称的战争。波斯人为发动这场战争，已经准备了 10 年之久。面对这种局面，地米斯托克利坚决主张应战，他在科林斯主持召开了由 30 个希腊城邦参加的反波同盟大会，主动推举斯巴达作为对抗波斯军队的盟主，并把联合舰队的最

高指挥权让给了只有 12 艘战船的斯巴达海军指挥官欧里拜德斯。

希腊在商议联合对敌的同时，战事不利的消息却接连传来，波斯军队攻克温泉关，正在南下。在紧急情况下，地米斯托克利提出两大对策：其一，雅典人全面放弃雅典和阿提卡家乡，所有的人都迁移到南方海岛，免除陆地上的后顾之忧，彻底变成了一个海上民族；其二，希腊船队马上撤至萨拉米斯附近，据险寻找攻击时机。

萨拉米斯海峡位于萨拉米斯岛和希腊本土之间，极其狭窄。海峡东端一个叫普西塔利亚的小岛，把海峡口分为东西两段，西段宽 800 米，东段宽 1200 米。对于希腊人来说，这是个绝佳的用兵之地。地米斯托克利认

萨拉米斯海峡

为，在窄海中作战，希腊船队有可能以弱胜强。如果撤离萨拉米斯，在开阔的水面上作战，将使整个希腊军队面临不利的局面，弄不好会全军覆灭。但是，地米斯托克利的正确意见遭到了大多数希腊将领的反对。

迫不得已，地米斯托克利对联合舰队的海军指挥官欧里拜德斯"威胁"式地提出："如果不在萨拉米斯决战，雅典舰队将携带着他们的家属前往意大利，重建国家"。如果希腊联军失去占绝大多数的雅典舰队，希腊取得胜利的机会将微乎其微。欧里拜德斯只得同意在萨拉米斯海峡与波斯军队决一死战。不料，在希腊联军再次召开战前会议时，多数联军将军却出尔反尔，改为反对在萨拉米斯海峡与波斯军队决战，甚至想在天黑以后寻机逃跑。

关键时刻，地米斯托克利想到一个计策，决定冒险行事，他悄悄派自己的贴身卫士充当双重间谍，给自己的敌人——波斯国王薛西斯送去了一个重要情报：希腊舰队正计划逃跑。薛西斯经过自己派出的密探证实之后，立即派出舰队包围了萨拉米斯海峡的东西两口，将希腊联军的退路完全封死。

第二天一早，希腊联军发现自己一夜之间已被波斯军队包围，只能下决心和波斯军队决一死战。随后，地米斯托克利又提出了一套诱敌深入的作战方案并付诸实施。

当波斯军队到达普西塔利亚岛一线位置时，由于普

西塔利亚岛正好处在海峡口中间，波斯战船被这个小岛分成两队，原本排列整齐的队形一下就被打乱，庞大的船队拥挤在一个狭窄的海峡里相互碰撞。此时，后撤诱敌的希腊舰队突然改变航向杀了回来。

在血战中，希腊联军终于在退无可退的绝地，在自己熟悉的海域进行拼命反击。波斯舰队的弱点在战斗中暴露无遗。地米斯托克利亲自指挥希腊舰队的左翼取得了决定性的胜利。

激战过后，希腊联军以40艘战船的损失击沉200艘波斯战船，俘获50余艘，创造了海战史上以少胜多的光辉战绩。

萨拉米斯海战使波斯军队在爱琴海至高无上的控制权宣告结束，成为波斯帝国由盛转衰的开始。

萨拉米斯海战的胜利，象征着西方海权的兴起，成为希腊与西方文明的重要转折点，使雅典人重新找回了自信，希腊由此进入历史上的全盛时期，古希腊最伟大的成就随之诞生。

萨拉米斯海战之后，希腊人和航海强国迦太基对峙了长达两个世纪，而罗马人却趁机兴起，很快征服了意大利再向西地中海地区扩张，又不可避免地和当时的海上强国迦太基发生了冲突。罗马人通过和迦太基将近100多年的战争，逐渐建立起一支强大海军，从海上进攻迦太基，迫使迦太基陆军撤出意大利，随后又在陆上打败了迦太基。

罗马人建立起一个庞大帝国之后，整个地中海和附属水域变成了罗马的一个内湖。罗马海军舰队的任务变成了简单的海上警戒和转运军队。

第二辑

中国古代的对外海战

1. 中日白江口海战

　　中国古代海军诞生于春秋战国时期。在古代海战中，比较重要的一次是中日白江口海战。

　　朝鲜半岛，自古以来就和中日渊源极深。由于其位于两国之间，和中国陆地相连，所以中国国内一有变乱，往往就有大批人民迁移过去，同时带去先进的文化和生产技术。中国的先进文明不仅影响了朝鲜，而且通过朝鲜把中国的先进文明传入日本列岛，使他们结束了漫长的渔猎生活。

　　朝鲜半岛的营养，哺育了日本。日本逐渐地成长，发展成一个统一而强盛的国家。相比之下，反倒是朝鲜

白村江海战要图

半岛长期处于高句丽、百济和新罗三国鼎立的分裂状态，战乱连年不休。

朝鲜半岛上三国之一的高句丽兵力与百济和新罗相比具有较大优势，不仅经常侵袭另两个较弱的国家，而且趁当时隋朝刚刚建立，无暇顾及边境的时候，入侵中国东北边境。隋文帝、隋炀帝几次派兵征讨都没有得手。

在隋军举兵攻打高句丽时，百济也乘机攻打高句丽和新罗，后来百济又和高句丽联合攻打新罗。新罗不胜其苦，便向隋朝求援。但不久隋朝被唐所灭亡。

唐帝国成立之初，出于整理内政的需要，只好采取安抚的方法，以求暂时的安定。但唐朝对朝鲜半岛局势是清楚的。其时，高句丽除了勾结百济侵略新罗，还勾结日本企图将新罗瓜分。开始，唐朝派使臣出使日本，希望通过外交努力，能够由日本出面制止高句丽入侵新罗。没想到，日本和高句丽的想法一致，也认为唐王朝无暇东顾，反而加紧了和高句丽、百济的勾结，采取更加敌视唐王朝的行为。

唐太宗李世民在完成国内统一后，决定出兵讨伐。当唐军大兵压境时，日本国内曾在中国留

唐太宗李世民 画像

唐高宗李治（画像）

苏定方（画像）

过学的政要深知唐朝实力，建议日本政府改变外交政策，向唐朝示好。

唐高宗时期，为了保障边境安全，中国在朝鲜半岛一改以往安抚为主的政策，转为积极干预的政策。

公元 660 年，借新罗求援的名义，唐高宗李治决定出兵援助新罗，派神丘道行军大总管苏定方率十万大军，由山东成山渡海，从海路进攻百济，攻占了百济的首都和旧都熊津城，生擒了百济义慈王，设置五都督府，实施军事统治。百济的残余势力不甘心失败，勾结日本奴隶主，继续和唐军作战。

公元 661 年，日本天皇扶持过去在日本作为人质的义慈王的儿子扶余丰为新的百济王，同时组建远征军援助百济，准备和唐军决一死战。

公元 662 年，日本派兵 5000 名、战船 170 余艘，护送新立的百济王扶余丰回国。此后，唐军与百济战斗持续不断。这一年，因为苏定方率唐军主力已经北上进攻高句丽，刘仁愿、刘仁轨率军留守在百济旧都熊津城。在这种情况下，唐高宗李治想撤走熊津城的守军，以集中兵力进攻高句丽。但刘仁轨等人提出：现在平壤不能攻占，熊津撤走守军，那么就会助长百济的气焰，占据朝鲜的战略目标就会遥遥无期，我们应该固守待变，不能轻易撤军。于是，唐高宗不再要求退兵。由于刘仁愿、刘仁轨带兵有方，百济军面对不能战胜唐军的形势，再度向日本乞求援兵。

公元663年，接到百济的求援，日本派军队27000人大举增兵朝鲜半岛，准备救援百济，进攻新罗，意图夺回在朝鲜半岛上的控制权。这时候，唐军也派出了增援部队，由孙仁师带领从山东渡海而来，和刘仁愿、刘仁轨两军会师。

大唐白江口血洗倭海军

第一个与日本打海战的将军刘仁轨

　　唐朝的增援部队和熊津城的守军制定了一个攻占周留城的作战方案。周留城，位于锦江下游的一个山城，是百济和日本增援部队的大本营。

　　8月17日，唐和新罗联军包围了周留城，刘仁轨率领水军分乘战船170艘进到锦江下游南面的白江口（白江村）。

　　小小的白江口，因中日之间第一次大海战而扬名。

　　白江，日本人在史书中称之为白村江，一般指锦江下游。与日本不同，中国在《三国史记》中，是将白江和锦江（古代称熊津江）分开的。

　　8月27日，日本援助百济的2.7万精锐水师，分乘战船千艘到达白江口。两军相遇，展开大战。

　　《旧唐书·刘仁轨传》对这次战斗的描述非常简单，书中说：刘仁轨的水师与日本在白江口连续打了4仗，

皆取得胜利，烧毁日军战舰 400 余艘，烈焰冲天，血把海水都染红了。百济王扶余丰逃走，其宝剑被缴获。

白江口战斗胜利的结果是，周留城守军投降，百济完全灭亡，幸存的日军和部分百济奴隶主逃往日本。第一次中日大海战就此结束。在此后的 900 年间，日本始终未敢再侵犯朝鲜。

唐军水师之所以能取得胜利，除了刘仁轨指挥有方和山东半岛 7000 名水军的增援之外，还因唐军水师战舰坚固，性能优越。

唐朝之后，元世祖以其不世武功，建起了横跨欧亚的蒙古帝国，曾两次跨海东征日本，但均未能取得成功，究其原因，都是不熟悉海军，不谙海战，不知海洋气象。

从明朝开始，中国饱受倭寇骚扰。日本重新侵犯朝鲜，结束了从汉代以来对华近千年的臣服朝贡关系。

2. 露梁海战

明朝万历年间，在一衣带水的大洋彼岸，丰臣秀吉以武力统一日本，结束了日本群雄割据的局面之后，欲望不断地膨胀，继而制定了征服朝鲜、吞并中国、迁都北京的侵略计划。

公元 1592 年，日本集中大小战船 700 余艘，由对马岛渡海到朝鲜釜山登陆，仅两个半月就占领汉城、开城和平壤。朝鲜王国向中国求援，中国决定发兵援朝。

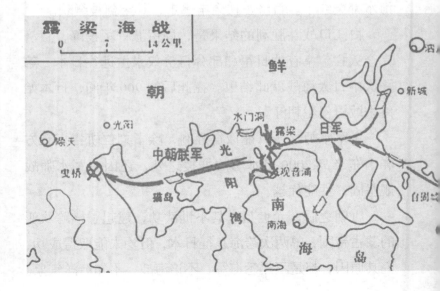

李如松（1549—1598 年 5 月 8 日），字子茂，号仰城，辽东铁岭卫人。

明朝廷任命李如松为提督，率兵援朝，第二年就收复了平壤、开城和汉城，日方被迫停战议和。

1597 年，丰臣秀吉贼心不死，经过 4 年准备，再次增兵北犯，侵朝兵力一度达到 60 余万，战舰近 3000 艘，在中朝联军的全力反击下，日军节节败退。1598 年 8 月，丰臣秀吉病死，遗命撤军。此时已经完全掌握制海权的中朝联军水师，决定在朝鲜半岛以西海域设伏，打击或者全歼日本撤退部队。

露梁海域附近地形复杂，岛屿星罗棋布，水道纵横交错，便于水军依托岛岸，隐蔽机动地打击敌人。另外，这一带海域潮差大，平均可达 10 米。涨潮时，水势汹涌。退潮时，水位猛降，大片浅滩迅速露出水面。舰船如不迅速驶离，便有搁浅的危险。因此，露梁海域是个极好的设伏地点。

当时，双方军力对比是：

日本水师拥有战船 3000 艘左右，虽然数量占优势，但构造简单，性能较差。武器装备落后，大部分为铳（即原始的滑膛枪炮）、枪、弓矢、倭刀等。

朝鲜水师兵力约为 4 万多人，拥有船舶 488 艘，包括战船 80 艘（每船 80 人），辅助战船 192 艘（每船 30~60 人），勤务船 26 艘。其中包括朝鲜名将李舜臣创造的大型战船——"龟船"。

李舜臣的"龟船"

　　明朝投入朝鲜战场的水师 1.3 万人，战船 500 余艘。战船的武器精良，除弓、弩、刀枪、矛等冷兵器外，还有大量火器，如佛郎机、虎蹲炮等。据史料记载，明军火炮的射程最远可达 3000 米，而日军的只有 100、200 米。

　　1598 年 11 月，中国水师由陈璘率领组成左军，朝鲜水师由李舜臣统率组成右军，待机夹击日军。12 月 16 日 2 时，中朝水师在露梁以西海域突然向日军发起攻击。担任先锋的明朝水师老将邓子龙身先士卒，率兵与日舰进行接舷战，杀伤大量日军后不幸战死。朝军将领李舜臣也在血战中中弹牺牲，其子代父指挥，继续与中国水师并肩作战。

陈璘

李舜臣

　　此役，中朝水师取得了决定性胜利。日军战船几乎全部被毁，被歼数万人，为持续 6 年的中国抗日援朝战争画上了一个圆满的句号。有专家认为，此战将日本的全面侵华战争后延了几百年。日军在露梁海战中受到的重创，一直到明治维新之后才恢复过来。

3. 郑成功收复台湾

　　郑成功（1624—1662），福建省南安人，小时候曾经以郑森为名。他的父亲郑芝龙早年是海盗兼海商，后来被南明朝廷招安，官越做越大，升为福建总兵。郑成功是郑芝龙早年旅居日本时所娶的田川氏所生，据说天资聪敏，胆识过人。

郑成功的青年时期，正是大明王朝摇摇欲坠之时。从1644年开始，在南中国地区，先后出现了三个南明政权，分别是福王朱由崧在南京建立的"弘光政权"（又称"福王政权"）、唐王朱聿键在福州建立的"隆武政权"（又称"唐王政权"）、桂王朱由榔在广东肇庆建立的"永历政权"。

郑芝龙（画像）

1644年，郑芝龙在福建做官的时候，支持大明唐王朱聿键做皇帝（即隆武帝），而隆武帝对手握重兵的郑芝龙兄弟也非常倚重。这一年，郑芝龙带领20岁的郑森（这时还不叫郑成功）见隆武帝。

隆武帝是个很有意思的人，他直接明了地问郑森，"你为什么在江山很危险的时候还跟随我？"郑森于是引用岳飞的话作答："文不贪财，武不怕死，江山可保矣。"

隆武皇帝对英气勃发的郑森非常喜欢，甚至可以说得上是宠爱，用手拍着他的背说："可惜没有儿女婚配给你，以后可要记着忠于国家。"于是，隆武皇帝赐国姓朱，改名成功，封忠孝伯，任御营中军都督，赐尚方剑。这就是"国姓爷"的由来。

也许是郑成功把这次见面看作是知遇之恩，终生都在致力于反清复明。但他的父亲却和他志向不同，惯于看风使舵。明朝旧臣洪承畴投降清朝之后，担任招抚大

海洋大讲堂——海上战争

学士，当然他没有忘记和自己一个县的同乡，仅仅通过书信聊聊乡情叙叙旧，郑芝龙就对非常看重他的隆武皇帝生了异心。

　　1646 年（清顺治三年），清军攻克福建，隆武皇帝被俘后绝食自尽。郑芝龙认为明朝气数已尽，面对清庭高官厚禄的利诱，不顾郑成功的苦苦劝谏，独自北上福州降清。郑芝龙走后，清军攻入安平，并没有放过郑府，郑成功的母亲遭到清军的侮辱后自缢而死。郑成功得知

郑成功

消息后悲痛万分，立即率兵赶到安平。

从此，"国恨家仇"加在一起更坚定了郑成功抗清的决心。1647年1月，年仅24岁的郑成功料理完母亲的丧事后到县孔庙烧儒服、着兵装，在烈屿（小金门）起兵，从最初跟随他的只有几百人，发展到后来的雄兵二十几万，进而以金厦为根据地，抗击清军长达15年，屡屡大败清军。

但有一点，自从起兵后，郑成功无日不在"忠"与"孝"之间煎熬。一边是有知遇之恩的忠，一边是有养育之恩的孝。郑芝龙降清之后，满洲人对这个诡计多端的老海盗并不放心，给他的也只是一个空头的官衔。在清廷的威逼之下，郑芝龙不遗余力地欲招降郑成功，最终，尽忠战胜了尽孝。当然，郑芝龙为他的赌徒式的选择付出了代价，先是自己被囚于高墙、连累着弟弟郑芝豹也被流放宁古塔，直到一家11口被杀。

一直没有投降清朝的郑成功，在1658年率领水陆两军十余万人北伐，次年入长江，克镇江，围南京。由于他的轻敌，他的轻率，北伐不仅没成功，而且大败而归，不得不又回到了原点，退至金门、厦门一带。

郑成功回到厦门后，开始筹划攻占台湾，以此作为反清复明的根据地。恰在此时，郑芝龙当年的一个部下，在荷兰军队里当过翻译的何廷斌，赶到厦门求见郑成功，劝郑成功收复台湾。何廷斌还送给郑成功一张绘有荷兰侵略军军事力量布置的台湾地图。

郑成功收复台湾
路线图

荷兰殖民者自 1624 年起即染指中国领土台湾，1642 年侵占整个台湾后更是激起台湾人民的反抗。郑成功决心收复台湾，驱逐荷兰殖民主义者。

公元 1661 年 4 月，郑成功派他的儿子郑经带领一部分军队留守厦门，自己亲率 25000 名将士，分乘几百艘战船，浩浩荡荡从金门出发。大军越过台湾海峡后，在澎湖休整，准备直取台湾。

荷兰侵略军为阻止郑成功军队进攻台湾，将军队集中在台湾城和赤嵌城两座城堡，并在港口沉船，以阻挡郑成功的船队登岸。这里海岸曲折，两城之间有一个内港，叫做台江。从外海进入台江有两条航路：一条是大员港，叫南航道；另一条是北航道，即"鹿耳门航道"。南航道口宽水深，船容易驶入，但港口有敌舰防守，陆上装有重炮，必须经过战斗才能通过。北航道水浅道窄，只能通过小舟，大船必须在涨潮时才能通过。荷军认为，凭此"天险"可高枕无忧，只要用舰船封锁南航道海口，与台湾城、赤嵌城的炮台相配合，就可阻止郑军登陆。

除荷兰军队在这个地方放松防守以外，郑成功选择在鹿耳门港突入的另一个原因是掌握了该地的潮汛规律，即每月初一、十六两日大潮时，水位要比平时高五六尺，大小船只均可驶入。郑成功从澎湖冒风浪而进，正是为了在初一大潮时渡鹿耳门。另外，他早已探测了从鹿耳门到赤嵌城的港路。

于是，郑成功利用海水涨潮的时机，率领舰队顺利通过了鹿耳门，进入台江内海。他一方面派少数战船从大港正面佯攻，一方面率领水师主力驶向赤嵌城下的禾寮港（今台南市禾寮港街）强行登陆。荷军惊慌失措，

连忙派出 4 艘战船出海拦阻。郑成功派出 60 艘战船对荷兰战船实施包围，以火力对荷兰战船进行压制。同时，另外派几艘小型快船装满炸药和易燃品，将荷兰的最大战船"赫托克"号炸沉，荷军其余战船企图突围，也被郑军杀伤。

郑成功在攻下赤嵌城后立即派兵攻打台南。经过一番激战，荷军惨败。对盘踞在台南城的侵略军，郑成功决定采取长期围困的办法逼他们投降。

在围困八个月之后，郑成功下令向台湾城发起强攻。荷兰侵略军弹尽粮绝，只好缴械投降。

公元 1662 年 2 月 1 日，荷兰侵略者交出了盘踞 38 年之久的台湾。郑成功收复台湾之战取得了最后胜利。

自此，郑成功在台湾立郑家天下。时间不长，桂王朱由榔死于缅甸的消息传来，标志着大明的"永历政权"也告消失。郑成功决定不再拥立新帝，自为台湾之主。可惜，郑成功到台湾不久即病逝，享年 39 岁。

后来，统一台湾的大业终被康熙皇帝实现。不过，颇具心胸的康熙皇帝对郑成功仍不失敬意，并亲撰挽联悼念郑成功：

四镇多贰心，两岛屯师，敢向东南争半壁；
诸王无寸土，一隅抗志，方知海外有孤忠。

第三辑

海洋争霸的时代

1. 英国摧毁了西班牙的"无敌舰队"

1494年，从葡萄牙、西班牙签订《托尔德西里雅斯条约》正式确定了两国的"海上霸主"地位开始，在将近一个世纪的时间里，葡、西两国都想取代对方以独霸海洋。直到1580年，西班牙趁葡萄牙国王率军远征北美去世之际，武力吞并了葡萄牙及其广大的殖民地，取得了海上霸主地位。

西班牙凭借强大的海上力量，把当时全世界大部分贵金属都赶到了西班牙的金库。为了保证财源不断流入，西班牙政府一直致力于打造当时世界一流的海军，积极建造大型舰船，更新武器装备，招募年轻人加入海军，逐渐打造了一支拥有100多艘舰船、3000多门大炮的"无敌舰队"。

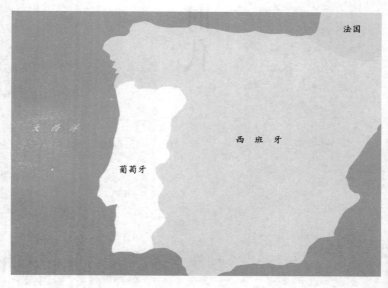

海洋大讲堂——海上战争

大西洋

英国地图

　　我们再看一下英国：英国是一个岛国，英格兰的任何一个地方距离海洋都不超过 120 千米。特殊的地理位置使英国成为一个海洋意识非常强烈的国家。

　　1558 年，25 岁的伊丽莎白一世刚刚登上王位就面对着一个即将到来的全新时代。从英吉利海峡的那一边，经常传递过来的是西班牙和葡萄牙航海探险家成功攫取财富的消息。年轻的女王意识到了海洋时代的来临，英国必须抢占先机，发展海外贸易，开拓殖民地。

　　当时，航海业因为工商业的发展而发展，直接促进了海外贸易和殖民活动，世界贸易路线因为地理大发现产生的巨变，使英国很快成为世界海上商路的中心。

西班牙国王腓力二世　　　　　　　　　　伊丽莎白一世

　　但是，英国向海外扩张的脚步被海洋上的霸主西班牙所阻碍，而当时的英国海上力量还不足以和强大的西班牙舰队相抗衡。既然国家实力不允许公开对抗，于是女王选择了鼓励私掠船、海盗，去扩大英国贸易，开拓殖民地，如果他们和西班牙发生冲突，女王可以否认和英国政府有关，并且说他们是违反官方政策的。但是，大海盗头子德雷克在劫掠了南美的西班牙殖民地，袭击了西班牙在欧洲的港口，并且满载而归后，女王亲自来到德雷克的座舰上，隆重地授予德雷克骑士称号的消息传出后，西班牙国王腓力二世不禁怒火中烧。

　　英格兰人的海上掠夺和海外扩张使西班牙帝国的利益受到了前所未有的侵犯与挑战。除此之外，政治上的对立也加剧了英国与西班牙的矛盾。信奉天主教的西班牙国王是个狂热的天主教徒，以正统的天主教卫道士自

西班牙无敌舰队海战地图

居，经常借口消除"异端"，干涉别国内政。英国在伊丽莎白上台之后，继续亨利八世开始的宗教改革，变成了一个新教国家。西班牙便伙同罗马天主教会组织策划阴谋活动，企图把伊丽莎白赶下台，推翻英国的新教，进而把英国置于西班牙的统治之下。

如此，英西之间不可调和的矛盾使两国冲突最终不可避免。

在遭受了一次次的海上劫掠和损失之后，西班牙国王腓力二世被彻底激怒了。

1588 年夏天，他派出了自己引以为骄傲的"无敌舰队"，集中各类舰只 130 艘，水兵 8000 名，步兵 1.9 万名，装配 1100 多门大炮，以遮天蔽日的骇人威势，横渡英吉利海峡，进攻英国。

西班牙"无敌舰队"组建之际，英国舰队也在普利茅斯集中，共有 197 艘各型船只，大炮 2000 门，由水手、炮兵和士兵近 1.6 万人组成。

1588 年 5 月底，西班牙"无敌舰队"从里斯本港刚一出港就遭受了大西洋风暴的猛烈袭击，当他们行至风高浪大的比斯开湾时，淡水从仓促制成的木桶中漏光，食物已经腐烂，军舰受损，人员疲惫，不得不被迫到西班牙半岛西北角的避风港进行避风和补给。一直休整到

7 月份才重新出发。

7 月 31 日清晨，西班牙指挥官梅迪纳·西多尼亚（Duke of Medina Sidonia）发现大批英国舰船出现在上风的有利位置，立即下令按照主力（中军）、前卫和后卫的惯常队形迎战。英国舰队以单长线的纵队战术，灵活地绕过西班牙的前卫，一面行驶一面发炮射击。经过一场混战，西班牙两艘舰船受到重创。虽然这场遭遇战不具备决定性，但西班牙的舰队自始至终都没能钩住敌舰，英国舰船的轻快灵便给西班牙舰队留下了阴影。

8 月初，西班牙舰队决定先到英格兰南部的怀特岛登陆，但是却不断地遭到英国人的追击和骚扰。英国舰队频频发动的小规模出击，使"无敌舰队"处于被动挨打的境地，狼狈不堪。加上远离基地，后勤供应困难，

1588年英、西海战对阵形势

炮弹和粮食越来越少，西多尼亚决定将舰队开到法国东北部的加来一带抛锚休整，解决给养问题，另外等待着与己方另一支部队会合。但是，英国的一支舰队早就封锁了尼德兰海面。

一周之后，英国舰队在加来港外集中兵力，根据形势制定了对西班牙舰队实施火攻的作战计划。深夜时分，英国人将 8 艘 200 吨小船装满沥青、油脂和柴草点燃，让其借助风势像 8 条火龙一样冲向西班牙舰队。

慌乱之下，西多尼亚急忙下令："各舰马上砍断锚索，夺路驶出海港！"他的本意是等火攻船过后，各舰再返回原地。但是，他的舰长和部属过于慌乱，都只顾自己逃命，舰队顿时陷入一片混乱。由于舰队失去了统一指挥，致使许多船只在自相碰撞中沉没，没能冲出港的船只，大都被火焰所吞没。逃出海港的舰船由于已砍断锚链，无法再逆风进港停泊。这支无锚的舰队被西南风刮向东北，队形十分混乱。

战斗到拂晓，英国人发现自己已经处于十分有利的地位，于是展开全面追击。英国舰队以绝对优势对分散的西班牙舰只进行围歼。就在战斗走入高潮，眼看西班牙舰队毁灭已成定局之时，不料风向在下午突然改变，正向英国方向吹来。加上弹药也已用完，于是

英国在西班牙圣维生特角的海战中

英国人退出了战斗。

在这场海战中，仅一天时间，西班牙就损失了 16 艘船只，死伤 1400 人左右。相比之下，英国虽有许多船只受伤，但还算不上很严重。

第二天，西多尼亚在西南风刮个不停、补给困难，而且时时处于敌人威胁的情况下，决定集结残兵败将，撤向北海，绕道不列颠群岛，经大西洋返回西班牙。

返航途中，西班牙舰队饱经风浪，经常受到疾病、饥渴和暗礁的威胁。至少有 40 艘舰船因为风暴和触礁而沉没。

9 月底，历经千辛万苦的西班牙舰队终于回来了，再也配不上"无敌舰队"的称号。

在这场远征英格兰的军事行动中，西班牙共损失舰船 63 艘，伤亡 1.5 万人。自此，西班牙的海军力量开始渐渐地衰落下去，甚至到了无法维护自己海外利益的地步。进入 18 世纪，西班牙已经由原来的世界强国降为欧洲二等国家。

"无敌舰队"何以败得如此之惨？从国家战略的层面而言，是西班牙人没有理解制海权的重大意义，不懂得在完全控制分散在各地的殖民地之前先控制海洋。制海权才是决定西班牙国运和"无敌舰队"运用的关键。因为没有掌握制海权，西班牙的运输船和海外殖民地才屡屡被霍金斯和德雷克抢劫，甚至西班牙本土的港口也因遭受袭击而损失惨重。

从海军将领来看，西班牙任命的海军统帅梅迪纳·西多尼亚对海战一窍不通，仅仅是因为王族成员身份和信教真诚的美名。英国虽然也任命了德高望重的霍华德勋爵担任舰队司令，但却任命了声名不佳的海盗头子德雷克担任舰队副司令，紧要关头的实际指挥权在德雷克手中。这样一来，胜败立分。

在英国海岸附近发生的这场英西大海战，在世界海军发展史上具有划时代的意义。英国的战略家富勒说：1588年西班牙舰队的失败就好像一个耳语一样，把帝国的秘密送进了英国人的耳中；在一个商业的时代，赢得海洋要比赢得陆地更为有利。从1588年开始，这个耳语的声音变得越来越大，终于成为每一个英国人的呼声。

2."海上马车夫"停下了飞驰的脚步

英国发展海军的一个重要因素是它的岛国优势，这样天生的特殊有利地理环境使它可以集中精力发展海军和海上力量，不必像法国那样兼顾陆、海两个方向，再去分心建设一支强大的陆军。在1588年至1805年的200余年间，英国能够先后打败西班牙、荷兰和法国，最终建立海上霸权，就在于它实施了正确的海军战略，集中精力建立了一支强大的海军。马汉那句名言就是对

1665年6月,挑落"海上马车夫":洛斯托夫特海战(与荷兰)

1798年8月1日—2日,激战尼罗河口:阿布基尔海战(与法国)

1805年10月,木质帆船时代的最后一战:特拉法尔加海战(与西班牙和法国)

英国独霸海上200多年作出的最好注解：没有海军，我们在紧要关头所表达的国家意志也就仅仅成了一个泥足巨人所作的笨拙无用的姿态而已。

除了国家意志，英国的历史应该永远铭记那位女王——伊丽莎白一世，她从25岁登上王位开始，为避免政治联姻会给国家利益带来伤害，她选择了终生未婚。

在葡萄牙、西班牙之后，英国崛起。在英国之后，荷兰继之而崛起。

荷兰，位于欧洲西北部，和英国隔海相望，它的面积只相当于今天的两个半北京那么大，人口仅有150万。

荷兰的自然资源贫乏、地势低洼，有三分之一的国土位于海平面以下，如果没有后来建设的一系列复杂的水利设施阻挡，荷兰人口最稠密的地区，每天将被潮汐淹没两次。

就是这样一个国家，在400年前的17世纪，却能成为整个世界的经济中心和最富庶的地区，而且把自己的势力几乎延伸到地球的每一个角落，成为当时的"海上第一强国"，也是当时最大的海洋运输国家，被形象地称为"海上马车夫"。

在资本主义发展初期，世界各国间的贸易往来主要依靠海上交通，船只犹如陆上运输的马车，谁拥有海上的马车，谁就能掌握海上贸易和称霸海洋的主动权。荷

兰凭着发达的造船业，享有"海上马车夫"的美誉。

　　荷兰人创造的奇迹，就从他们的自然环境开始。

　　荷兰虽然自然资源贫乏，但却紧靠大西洋，水路四通八达、河川水网纵横，既是通往欧洲内陆的门户，又是欧洲内陆通向海洋的出口。自从地理大发现改变了世界商路，在荷兰共和国的前身尼德兰时期，安特卫普就成为真正的国际贸易中心，源源不断的商品从里吞吐流过。荷兰独立之后，以阿姆斯特丹为中心的工商业、航运业和海外殖民扩张迅速崛起，其中以造船业最为兴盛。

　　海军总是跟随着贸易而前进，商业上的霸权是以炮舰为后盾的。荷兰用其雄厚的资金建立了一支当时最庞大的海军舰队，在1644年时就拥有了1000余艘战船保护商业，只要荷兰的海上贸易受到威胁，海军马上出动。强大的海上力量，进一步促进了荷兰的海外贸易发展。巨额的利润和海上贸易霸权使荷兰很快走向繁荣富强。

　　凭借着海上优势和商业霸权，葡萄牙、西班牙手中的大量殖民地很快转移到了荷兰。当英国和西班牙还在为大西洋争得你死我活之时，荷兰人的舰队驶入印度洋，以惊人的速度建立了大量的殖民地。

1595 年，第一支荷兰舰队沿着葡萄牙开拓的航线，到达了印度的果阿和南洋爪哇、摩洛加群岛等地。此后的几年时间里，荷兰人先后组织了 15 次远航活动，成立了众多经营香料的公司。

　　1602 年，为了消除内耗以共同对付和葡萄人的竞争，荷兰将各个分散的公司联合组成一个大公司，名为"联合东印度公司"。

　　荷兰政府赋予东印度公司的特权是可以协商签订条约，也可以发动战争。也就是说，它可以作为在亚洲的独立主权个体，从南非到日本的整个地区，都可以像一个国家那样运作。荷属东印度公司成立后，开始不断地在印度各地扩张，并极力排斥葡萄牙的殖民地。发展到

荷兰联合东印度公司

17 世纪中叶，荷兰东印度公司拥有 15000 个分支机构，贸易额占到全世界总贸易额的一半。

从 1605 年开始，荷兰先是以武力从葡萄牙手中夺取了盛产香料的帝汶岛，继而在摩洛加群岛大败葡西联军，逐步确立了海上霸权，借助海洋把触角伸向世界各个地方。

在东亚、东南亚，荷兰人把印度尼西亚变成了自己

的殖民地，在爪哇兴建了巴达维亚城（今雅加达）作为东侵据点，控制了苏门答腊、摩洛加群岛、锡兰岛在内的广大富庶地区，并把势力伸进了印度、日本，并占据了中国的台湾。

在非洲，他们从葡萄牙手中夺取了新航线的要塞好望角。

在大洋洲，他们用荷兰一个省的名字命名了一个国

家——新西兰。

在南美洲，他们从葡萄牙手中抢占了巴西的大部分地区。

在北美大陆的哈得逊河河口，东印度公司建造了新阿姆斯特丹城（即今天的纽约）。

荷兰人的疯狂扩张引起了也在积极向海外扩张的英国的强烈不满。

故事往往从开始的地方结束。荷兰的崛起是从一种银白色的鲱鱼开始。14世纪时，荷兰的100万人口当中约20万人在从事捕鱼业，小小的鲱鱼维系着众多荷兰人的生计。

新阿姆斯特丹位于今曼哈顿下城

除了在海外扩张方面的冲突和排挤，让英国人非常难以忍受的是，荷兰人在英国周围海域自由捕鱼，然后卖给英国人，对英国的捕鱼业是一种破坏。

英国从 1588 年开始打败西班牙"无敌舰队"树立的自信，让赢得海洋的呼声越来越响。英国政治家 W. 罗利爵士提出的"谁控制了海洋，谁就控制了贸易；谁控制了贸易，谁就控制了世界财富，因而控制了世界"著名论断，正日益影响着越来越多的国民。

当尖锐的利害冲突和矛盾积累到一定程度，非诉诸武力不可调和时，战争终于不可避免。一名英国舰长曾经形象地说："世界贸易对我们两个国家来说，地盘太小了，因此必须有一国退出。"

从 1652 年开始，英荷两国爆发了三次大海战。

第一次英荷大海战起止时间为 1652 年至 1654 年，引发战争的主要因素是英国于 1651 年颁布的《航海条例》，原因是《航海条例》针对从事中转贸易的荷兰作

普利茅斯海战 (1652 年 8 月 26 日)

英荷战争时的战舰

出了种种限制，它规定："凡从欧洲运到英国的货物，必须由英国船只或原商品生产国的船只运送；凡是从亚洲、非洲、美洲运送到英国、爱尔兰以及英国各殖民地的货物，必须由英国船只或英国有关殖民地的船只运送……"。荷兰认为这个《航海条例》是对荷兰最严重的挑战，要求英国废除，但遭到英国拒绝，两国因此陷入敌对状态。1652年5月，英荷两国舰队凑巧在多佛尔海峡相遇，战争的导火索仅仅是因为相遇，双方舰队司令便下令挂起战旗，互相进行炮击。两个月后，两国正式宣战，就此拉开了第一次英荷大海战的序幕。战争结果是英国海军占了上风，荷兰人被迫与英国进行和谈，承认英国在东印度群岛拥有与自己同等的贸易权，进行战争赔款，割让大西洋上的圣赫勒那岛给英国。

第二次英荷大海战发生在1665年至1667年。这次

肯梯斯诺克海战（1652 年 10 月 8 日）

海战是因为英国颁布了新的更为苛刻的《航海条例》，并在海外向荷兰的殖民地展开新的攻势，企图从荷兰人手中夺取一本万利的象牙、奴隶和黄金贸易。荷兰人愤而反击，第二次英荷大海战随之爆发。这次海战由于具有高超指挥能力的德·鲁特担任了荷海军的统帅，奇迹般地扭转了自第一次英荷大海战以来的不利局面，给英国人以重创。这次战争因为两国都打得精疲力尽，不得不坐下来进行谈判。双方签订《布雷达和约》，正式划分了各自的势力范围。

第三次英荷战争是一场海上和陆地同时进行的战争，虽然称为英荷战争，但其实是由法国引起的。法国想在欧洲称霸，但荷兰成了法国在欧洲建立霸权的绊脚石。为打败荷兰，法国国王路易十四贿赂英王查理二世，

第三次英荷战争（1672—1674）

联合英国从海上和陆地同时向荷兰发起了进攻。

　　在法国名将孔代和蒂雷纳的出色指挥下，法国陆军充分显现出欧洲第一流陆军的实力，而仅仅是作为点缀的荷兰陆军，无论从作战经验、武器装备还是战斗实力方面都远不是法国陆军的对手。在法国骑兵的冲击之下，荷兰人节节败退，格尔德兰、奥弗赖塞尔和乌特勒支等省相继沦陷，埃塞尔河防线被突破。法国陆军直逼荷兰首都阿姆斯特丹，荷兰由此陷入国家生死存亡的关键时刻。

　　荷兰人在陆海两个方向的进攻面前表现得非常出

色，荷兰在战争面前再一次正确地选择了海洋。

刚出任荷兰国家元首的奥兰治的威廉（1672—1702）作出了一个非常英明的决定，他忍痛下令掘开保护荷兰人世世代代休养生息的穆伊登堤坝，汹涌的海水立时涌入了良田沃野，一部分国土被淹没，须德海和莱茵河之间成了一片汪洋大海，成千上万的荷兰人被迫转逃到了船上。法国先头部队后撤及时，免去了遭受灭顶之灾，陆上进攻却也就此告了一个段落。如此一来，荷兰就可以专心应对海上的战争局面，捍卫国家独立的重任落到了海军的身上。

值得庆幸的是，此时掌荷兰海军帅印的是 65 岁高龄的德·鲁特。他在仔细分析了敌军的情况之后，认为敌军的核心是英国海军，法国海军不仅力量小而且缺乏

荷兰独立战争时期政治家，荷兰共和国第一任执政，统帅，也称沉默的威廉（荷兰语：Willem de Zwijger）。

战斗经验，不足为惧。因此制定了集中主力对付英军、只分出一支小舰队牵制法国舰队的战略。在战术方面，他把主力部署在靠近荷兰海岸的浅海中，这样可以随时寻求浅滩的掩护，伺机向英国舰队发动进攻。后来证明这种战术是十分有效的。在第三次英荷战争期间，荷兰海军一直忠实地执行着德·鲁特的这种战略。

　　第三次英荷战争期间共有 4 次比较大的海战，其中最具标志性的是特塞尔海战。1673 年 8 月，英法联军见陆上进攻顺利，便集结了 90 艘主力舰、30 艘纵火船，意图在荷兰西北战略要地特塞尔岛登陆，待建立前进基地后，再一举进攻荷兰本土。

特塞尔之战

特塞尔海战开始后，德·鲁特指挥荷兰舰队主力75艘、纵火船30艘迎战。在海战开始不久便将法国的分舰队打散，使其陷入混乱后，只留下一部分舰只监视法国人，其余舰只转为增援部队。到此，特塞尔海战成了英荷之间的战斗，法国人令人不可理解地退出了战斗。这场战斗从夜里一直持续到第二天下午7时，英国人见已经没有登陆的可能，只好退出了战斗。在海战中，英法联军伤亡2000余人，荷兰伤亡1000余人，双方都没有战船损失。从战斗本身看，是一场胜负不很明显的海战。

特塞尔海战是第三次英荷战争的结束之战，荷兰之所以能在这场战争中同时面对两个强国还能保卫自己的国家安全，完全得益于自己强大的海上力量，而荷兰海军统帅德·鲁特的海上军事指挥才能也成为赢得战斗胜利的关键，他们使完全被封锁的港口重新开放并且战胜了一次可能的入侵，使英国人就此打消了所有的入侵念头。特塞尔海战过后，英荷两国单独签订了一个《威斯敏斯特和约》。规定，荷兰付给英国80万克伦战争赔款，把英国在欧洲以外所夺取的荷兰领土都交给英国，英国则保证不会帮助荷兰的敌人。

荷兰人打赢了为什么还要赔款割地？在第二次英荷大海战以来，荷兰海军分明处于上风。我们不妨从战略的更高层面来进行分析，纵观三次英荷战争，荷兰虽然能与英法两大强国抗衡，但已精疲力尽、大伤

元气。战争使荷兰的军事和商业实力遭到严重削弱，逐步丧失了海外优势和贸易的垄断地位，从一个商业大国下降为一个依赖于英国的二等国家。英国之所以收手，是因为海军的失利和对旷日持久的战争与日益强大的法国的担心。

特塞尔海战之后，荷兰与法国的战争在继续，但是已由海战变成了陆战。

3. 法国梦断特拉法尔加角

昨天的盟友，有可能明天就会成为敌人。正应了那句老话：国家之间，没有永恒的敌人也没有永恒的朋友，

只有利益是永恒的。

17世纪下半叶，英国打败荷兰成为唯一的海上霸主，但此时的法国已成为欧洲大陆最强大的国家，也充满着向海外扩张的欲望。

法国是一个有着六边形疆界的濒海国家，三面向海、三面向陆。在很长一段时间里，法国始终把目光聚焦在欧洲大陆，专心在经营欧洲大陆的霸权。在它的邻国西班牙、荷兰和英国在建立强有力的海军舰队将近百年的时间里，法国一直没有意识到海洋的巨大作用。

法国从黎塞留任首相时才结束了对海洋的漠视，开始组建海军。由于建立和维持一支强大的舰队需要足够的资金支持，海军得与陆军同时竞争军费。基于这种原因，法国在黎塞留建立海军之后的继任者因为不堪海军经费的重负，断然停止了对海军的财政供应。一直到了路易十四当政时期，法国海军在财政大臣柯尔贝尔的坚持下，重新恢复海军

路易十四画像

建设并建立了一支当时世界上最强大的海军。

法国在海军实力迅速增长和国内资本主义兴起的驱使下，加紧了向海外的扩张。这样，围绕对海洋和殖民地的争夺，英法两国从17世纪末开始了长时期的激烈斗争。

1799年，拿破仑发动"雾月政变"，成为法国的最高主宰，从而把英法斗争推向高峰。

从1802年开始，法国连续占领了地中海上的厄尔巴岛、意大利的皮特蒙特王国，并敦促英国放弃在地中海剩下的唯一基地——马耳他岛。马耳他岛被称为"通向印度极为重要的外堡"，对于英国有着重要的战略意

拿破仑（画像）

雾月政变中的拿破仑

义，自然不会轻易放弃。在拿破仑发出"或者是让出马耳他，或者是战争！"的通牒后，英国人以牙还牙，同样向法国提出最后通牒。1803 年 5 月 16 日，英国向法国正式宣战。

为了彻底打败英国，拿破仑从 1803 年就开始进行战争准备，在土伦建造军舰，并沿英吉利海峡和大西洋沿岸建立六个训练基地，训练大批两栖作战部队。最初，英国人认为这只是拿破仑故意用以唬人的虚张声势而已，但后来英国通过情报系统连续收到有关拿破仑大规模扩军备战的消息，便开始感到惊慌了。一面进行紧急战争动员，一面对法国及其盟国荷兰和西班牙的港口实行封锁，以阻止荷兰和西班牙联合舰队对法国进行增援。

1804 年 12 月 2 日，拿破仑建立了法兰西帝国，加冕称帝。此时的英国忙于联络奥地利和俄国，筹划组织第三次反法联盟。荷兰和西班牙则加入法国阵营，并将自己的海军交由拿破仑指挥。这使拿破仑手中的海军兵力有所加强。

　　但拿破仑深知，以法国海军的实力要进攻英国绝非易事。于是，他精心制定了一个调虎离山的计划，大体内容是：首先以土伦的法国舰队突破英国封锁，救出被困的西班牙舰队，前往西印度群岛，骚扰那里的英属殖民地，以引诱英国舰队。当英军中计前往大西洋和加勒比海时，法兰西舰队立即回师英吉利海峡，获取对海峡的暂时控制权，用三天时间运送用于迅速攻占英伦的陆军。计划不可谓不周密，但却遇上了具有传奇色彩的英国海军名将纳尔逊。

　　对于法西舰队的频繁调动，纳尔逊率领舰队在海上追踪敌舰足有两年之久。

　　法西舰队一方的指挥官是维尔纳夫海军中将，拿破仑给维尔纳夫的命令是：从加迪斯港出发，通过直布罗陀海峡前往地中海，配合拿破仑在意大利的军事行动。然而由于一系列战略、战术的失误，法西舰队尚未动身，便被英国海军封锁在加迪斯港内，令拿破仑对海军大为失望，不得不放弃了进攻英国本土的计划。

　　由于所托非人，拿破仑于是另外任命一名指挥官来接替维尔纳夫。但是这个决定给英国海军带来了千载难逢的机会。

　　1805 年 10 月 15 日，维尔纳夫得知已有 12 年不曾下过海的罗西里将军要来代替他的职务时，不禁大为恼怒，决心在罗西里到达之前，先行冲出加迪斯港，通过直布罗陀海峡前往地中海，配合拿破仑在意大利的军事行动，以期重新获得拿破仑的信任。

　　10 月 19 日上午，维尔纳夫命令舰队扬帆启航。而这时，纳尔逊通过监视舰获得法西舰队出港的信号，已经静候在加迪斯以西的特拉法尔加角附近海域了。

　　10 月 21 日拂晓，纳尔逊等来了期待已久的法西联合舰队，把己方的 27 艘战舰编成两个纵队发起进攻，19 世纪规模最大的一场大海战就此展开。

　　维尔纳夫出港发现英国舰队后，意识到会战不可避免，却奇怪地命令舰队进行了 180 度的大转向，以便使加迪斯港处于下风位置，作为被击毁船只的避难之地。这个在最后一分钟又改变计划的行动，实

50 多米的纪念柱上的纳尔逊将军

在好像是在退却，不仅影响了士气，而且也使整个舰队队形变得凌乱不堪。

正当联合舰队因调转方向陷入混乱时，纳尔逊抓住战机下令进攻。英国舰队按照纳尔逊那句著名的"英格兰要求每人恪尽职守！"的命令，向联合舰队直插过去。

在战斗中，维尔纳夫的指挥接连出现失误，陷入非常被动的境地。

战斗一直持续到 10 月 21 日下午 4 时 30 分，在战斗中，被英国舰队击毁和俘虏的法国与西班牙战舰达 18 艘之多，其余逃走的舰只也都负伤。法西联合舰队死伤、被俘 1.4 万人，西班牙主将战死，维尔纳夫被俘，英国官兵仅死伤 1700 人左右，战舰无一损失。英国方面最大的损失是海军统帅纳尔逊在战斗中被子弹击中，于取得胜利后死去。

当听到纳尔逊的死讯后，拿破仑当即命令在每艘法国的军舰上，全部挂上纳尔逊的画像，既是为纪念，同时也是以他作为法军学习的榜样。

特拉法尔加角海战用以少胜多、打歼灭战的杰出范例巩固了英国海上霸主的地位。

英国军事理论家富勒在《西洋世界军事史》中不无推崇地写道："无论从哪一方面来说，特拉法尔加海战都是一个值得记忆的会战，它对于历史具有广泛的影响。它把拿破仑征服英国的梦想完全击碎了。一百年来的英法海上争霸战从此宣告结束。它使英国获得了一个海洋

帝国，这个帝国维持达一个世纪以上。"

4. 俄国为夺取出海口而发动的战争

彼得大帝夺取了南方出海口

沙皇俄国最早是在莫斯科大公国基础上发展起来的，而且地域仅限于莫斯科城及其周围地区，直到1480年才摆脱蒙古金帐汗国控制，实现了独立。它一面建国，一面积极向外侵略扩张，千方百计地蚕食所有和它接邻的国家和地区。

彼得大帝上台后的俄国是一个野蛮落后的"密封的大陆国家"，急需要打通出海口。出海口作为海洋运输的航道，无异于陆地上的高速公路。要想成为一个世界性大国或者夺取世界霸权，没有出海口是不可想象的。因此，俄国的历代统治者都对大海尤其是出海口充满渴望。俄皇伊凡四世认为"波罗的海海水的份量是值得用金子来衡量的"，而彼得大帝最为有名的一句话是："只有陆军的君主是只有一只手的人，而同时也有海军才能成为两手俱全的人"。

彼得大帝时的俄国是一个与海洋隔绝的内陆国家。在海洋方面，它北临几乎常年结冰的北冰洋，西与西南

彼得大帝

紧靠波罗的海和黑海。当时，土耳其和克里米亚汗国占据着黑海北部，波罗的海为瑞典所把持，它们紧扼着俄国通往西欧的咽喉部位。

在俄国没有建立海军之前，位于顿河河口的亚速夫要塞直接封锁着俄国通往亚速海和黑海的通道，彼得大帝曾经亲率 3 万陆军，携带 170 门火炮远征亚速夫，因为没有海军而失败。以此为起点，彼得大帝突击建立了一支小型的顿河小舰队，并在此基础上大肆扩张。很快，第二年，彼得大帝就以顿河小舰队和陆军相配合夺取了亚速夫要塞，获得了向黑海扩张的立足点。

不得不说，在彼得大帝的推动下，俄国人造船的速度是惊人的，俄国海军建设的速度也是惊人的。1696 年，

　　根据彼得大帝提议，俄国杜马通过了"一定要有海军"的决议，仅仅过了两年时间，俄国在亚速海口塔甘罗格建立了海军基地，并成立了黑海舰队。

　　彼得大帝一边抓建军，一边抓备战，同时着眼于南北两个方向争夺出海口的战略布局。

　　在南方，彼得大帝率刚刚组建成军的黑海舰队开赴亚速海演习，并将舰队驶往君士坦丁堡，逼迫土耳其与俄国订立城下之盟，签下了《君士坦丁堡条约》，将亚速海和塔甘罗格新建的港口割让给俄国，使俄国暂时拥有了第一批黑海出海口。

　　在南方局势已定后，彼得大帝立即挥师北方。

　　在北方，为了争夺波罗的海的出海口和北方领土，

彼得大帝和瑞典进行了历时 21 年的战争，史称"北方战争"（1700—1721 年）。

说到"北方战争"，就不能不提瑞典。瑞典在 17 世纪是一个海上霸权国家，波罗的海一度是瑞典的内湖，曾多次打败俄国。瑞典的海上霸权引起了波罗的海沿岸国家的不满和恐惧，也成了俄国向外扩张的障碍。1700 年，彼得大帝趁西欧列强忙于西班牙王位战争之机，联合丹麦、波兰等与瑞典有矛盾的国家结成"北方同盟"，以俄国为首正式向瑞典宣战。

俄军从北方战争初期经历了失败之后，转而励精图治，进行军事改革，很快从失败的阴影中走出来，开始转败为胜，打败了瑞典分舰队，先后控制了拉多加湖，攻占了涅瓦河，占领了诺特堡要塞，堵死了瑞典人进入俄罗斯北部和拉多加湖的通道。

为了巩固俄国在夺取出海口方面的一系列胜利，彼得大帝在占领地域修筑圣彼得堡，下令将宫廷、元老院和外交使团迁往圣彼得堡，在圣彼得堡建立新的首都，使之成为俄国的政治中心、重要军港和面向西欧的窗口。

1713 年至 1714 年间，俄国波罗的海舰队在芬兰湾内向瑞典发动了一系列进攻，重创瑞典军队，并在汉科角海战中大败瑞典舰队。

汉科角海战后，瑞典舰队只能在港口停泊，而俄国、丹麦和荷兰的舰队开始自由地在波罗的海出入。

随着瑞典海军战斗力的不断削弱，瑞典在国力、军

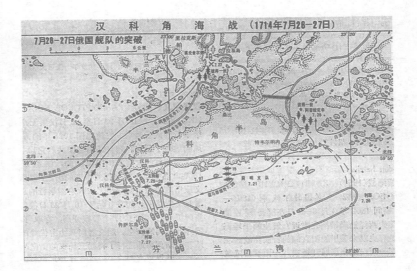

力都逐渐枯竭的情况下，被迫与俄国进行和谈，签订了《尼斯塔特和约》。从此，沙俄获得了波罗的海出海口和波罗的海的霸权地位，从而取代瑞典跻身于欧洲列强地位。

　　基于彼得一世的功绩，他被俄国尊为"祖国之父、彼得大帝和全俄罗斯皇帝"。

叶卡特琳娜为夺取北方出海口的努力

　　对于贪得无厌的沙俄来说，夺取波罗的海出海口只是它漫长计划的第一步，而且波罗的海的港口一年中有半年不能通航、半年容易遭到英国人的进攻。出于这种原因，历代沙皇都在梦想有朝一日能打开通往地中海的通道。夺取地中海的控制权，对于俄国来说，意味着可以从南面包抄西欧，确立对欧洲的霸权，从而进一步向亚、非大陆和印度洋扩张，同英、法等国平分秋色，争夺殖民地势力范围。

1762 年，俄国女皇叶卡特琳娜即位，立即推动这一计划的实现。叶卡特琳娜二世非常重视海军建设，她除了大力加强波罗的海舰队，还重新组建了黑海舰队。在拥有了强大舰队之后，叶卡特琳娜立即着手发动对土耳其的战争，俄国海军为配合陆军行动，开始进入地中海作战。通过第一次俄土战争，俄国获胜后，占领了第聂伯河和布格河之间的大片土地以及克里米亚的叶尼卡列、刻赤要塞，俄国舰队、商船还取得了在黑海自由航

地中海周边各国

叶卡特琳娜二世

行及通过达达尼尔海峡的权利。在第一次俄土战争后，俄国还为日后吞并克里米亚埋下了伏笔，也就是要求土耳其承认克里米亚汗国"独立"。

土耳其的战败和约只为自己争取了 13 年的和平时间，之后土俄两国就为争夺黑海和克里米亚地区再次发生战争。叶卡特琳娜凭借黑海舰队的强大实力，靠着"俄国海军军魂"之称的乌沙科夫的杰出指挥，俄国海军一再打败土耳其舰队，并在土耳其海军的大本营卡利阿克里亚角（今保加利亚东北部黑海沿岸）给土耳其舰队以重创。俄国在卡利阿克里亚角海战的胜

16-17世纪的奥斯曼帝国

17-19世纪俄国和奥斯曼土耳其为争夺高加索地区在250年的时间里进行了10次战争，土耳其为此流干了最后一滴血，直接导致了千年帝国奥斯曼土耳其的衰落。

利，使其占领了整个黑海北岸的广大地区，加速终结了第二次俄土战争，土耳其被迫承认俄国吞并克里米亚，并放弃其藩属国格鲁吉亚。至此，叶卡特琳娜实现了夺取南方出海口的愿望。

但是，夺取黑海出海口并非俄国的最终目标，冲向地中海，争夺欧洲霸权才是它的真实意图。

黑海舰队折翼克里米亚

俄土战争的结束并不是意味着战争终结，相反，战争的历史会成为未来战争的序曲，克里米亚战争就是长达百年之久的俄土战争的继续。俄国沙皇尼古拉一世为转移尖锐的国内矛盾，妄图以发动战争来巩固自己的统治。

1853 年 7 月，俄国出兵占领了土耳其属国摩尔多瓦和瓦拉几亚。10 月，土耳其政府在英、法两国支持下向俄国宣战，并在多瑙河和高加索展开攻势。

同年 11 月，俄国海军中将纳希莫夫率领的俄国分舰队，突然袭击在黑海南岸的土耳其海军基地锡诺普，打败了土耳其分舰队，俄国取得了黑海制海权，激化了同英法的矛盾。

土耳其海军在锡诺普的惨败深深震撼了英法舰队，英法只好从幕后直接走向前台，英、法各自率本国舰队直接开到了黑海，要求俄国撤军。

1854 年 3 月底，英法正式向俄国宣战，意大利等国追随英法参战，使俄土交战发展成了一场俄国和英法为争夺巴尔干和黑海的欧洲大战，战场由黑海、高加索一带扩展到了波罗的海、俄国太平洋沿岸一带。

俄国在外交上陷于完全孤立，军事上面临优势敌人从各个方面发动的进攻。

1854 年 3 月底，英法正式向俄国宣战

　　英、法刚参战时最初的目标是把俄军赶出巴尔干，后来攻势扩大到白海、太平洋、波罗的海和黑海，兵力被分散后，在各个海域都没有取得重大战果。

　　1854 年 8 月，英法土联军改变了四面出击的战略，把主要作战目标对准克里米亚半岛，集中兵力从俄国手中夺取黑海制海权。在这样的情况下，位于克里米亚半岛上的俄国黑海舰队的主要基地塞瓦斯托波尔就成了主

1853 年，英法两国与俄国围绕克里米亚地区正式开战

要攻击目标。

1854年9月中旬，英法联军在没有任何抵抗的情况下登上克里米亚半岛，兵锋直指塞瓦斯托波尔。

10月17日，英法联军集中50多艘战列舰、1340门火炮，从海上对俄国防御工事进行了炮击，持续了将近5个小时，联军没有取得任何战果，反倒是联军的风帆战舰成为俄军岸炮的目标，造成了不少损失。

第一次炮击之后，联军对塞瓦斯托波尔进行了几个月的严密封锁，一直到1855年的3月才进行了第二次炮击。此后，炮击不定期地持续进行。在9月5日的第六次炮击之后，联军用700门大炮倾泻了15万发炮弹，才摧毁了俄军全部工事。9月9日，塞瓦斯托波尔要塞被攻陷。

塞瓦斯托波尔陷落后，俄国黑海舰队已基本不复存

塞瓦斯托波尔战争

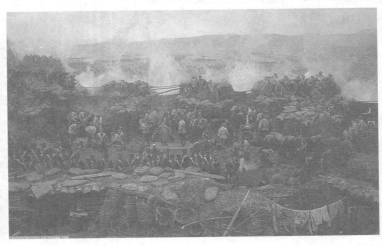

在，这个结果直接导致了俄国从欧洲大陆的霸主地位上跌落下来。战争加深了俄国国内危机，迫使沙皇政府不得不进行农奴制改革，俄国就此开始进入资本主义发展的新阶段。

5. 中日甲午海战

中日甲午海战是一场令无数中国人扼腕叹息的战争，一百余年来，无数专家、学者在思考和挖掘甲午战败的深层次原因，但这些挖掘又不断地被新的挖掘所掩埋。

1994 年，是中日甲午战争爆发 100 周年。在 1994 年的钟声即将叩响之日，三位年轻的海军新闻工作者在北京进行了一次特别采访，题目是：中国人，你还记得"甲午"吗？

一位来自佳木斯的 30 多岁的东北汉子愣愣地问："'甲午'是个啥？"给他解释后，他说："现在都兴公历了，连俺屯里的庄稼人都不看黄历了，谁还弄得清什么'甲午'！"

上海来京旅游的林小姐说："甲午战争我是晓得的。好像是在初中学过的吧。林则徐这个海军司令没当好，让日本人打沉了好多条船，不过他禁烟还是有功的。"

一位在颐和园北宫门外卖各种纪念章的中年人说：

中日甲午战争纪念馆

"那是多少年前的事了，知道了也没用。打仗是当兵的事，做生意就是多赚点少赔点。"

人们几乎对此问题都感到意外……

从1994年到现在，又有20多年过去了，为了继续唤醒沉睡的记忆，为了记住让人撕心裂肺的那场中日甲午海战，请让我们一起来回顾历史。

日本四面环海，是一个自然条件极其恶劣的岛国，领土由北海道、本州、四国、九州四大岛及7200多个小岛组成，总面积37.8万平方千米，只相当于中国一个云南省的面积。日本因其市场狭小和位置遥远得以被横行四海的英帝国皇家海军所忽略，但深具战略眼光的美国却从日本身上看到了另一种利用价值，那就是以日本为前哨站，进而把整个太平洋收入囊中。

日本在幕府时期，和中国一样，也采取了锁国的政策，只允许同中国、荷兰、朝鲜三国有限制地贸易。

1853年7月，美国东印度舰队司令佩里率领4艘舰船驶抵日本江户湾浦贺附近，率领士兵登陆后向日本天皇递交了美国总统要求日本开放的亲笔信。

1854年2月，佩里率七艘美国舰船、500名全副武装的美国官兵重抵日本，强行在日本神奈川县登陆，3月胁迫日本签订《神奈川条约》，规定对美国开放下田、箱馆（今函馆）两港，给予美国最惠国待遇等。1858年又签订《日美修好通商条约》。主要内容包括开放神奈川（今横滨）、长崎、新潟、兵库等港及江户、大阪两市，美国享有治外法权。佩里叩关迫使日本从锁国到开国，从此结束了闭关自守的时代。

佩里的"黑船来航"事件极大地震动了日本，也让日本人意识到自己的国度已经被飞驰的时代远远抛在了身后。

但是，也有让率领舰队来叩关的美国人吃惊的事。那就是在1854年4月的一个清晨，两名日本青年悄悄爬上了停泊在下田的美国军舰，打着手势向佩里舰队的官兵提出："我们想跟您到美国去看一看，

马修·佩里

看看你们的国家为何如此强大。"这两个甘愿冒险的日本青年惊动了佩里，但不想惹麻烦的佩里在婉拒了两人的请求后礼送二人下船。要知道，在闭关锁国政策严格的日本，仅私自登上外国船这一条就是要砍头的重罪。在当天的日记里，佩里写上了这样的评语："这个国家的青年如果都和这两个人一样有求知欲的话，日本也许会成为对我们产生威胁的强国。"

佩里只说对了一半，仅这两个青年所影响的日本国民的求知欲，就足以对日后的很多国家产生威胁。这两个青年中的一个，正是大名鼎鼎的日本江户幕府末期思想家、教育家，兵法家、地域研究家，对外扩张思想先驱者吉田松阴。

吉田松阴本来是一个激烈地主张"锁国攘夷"的人，从"黑船来航"事件后，他开始转向主张学习西方技术，

增强日本国力，侵略朝鲜、中国，以便"失之于西方，补之于东洋"。吉田松阴在带其出洋的请求遭到美方拒绝后即自首，以违反锁国令入狱一年。后得藩主允许，兴办松下村塾，传授兵法，宣讲尊王攘夷主张，培养了高

吉田松阴（画像）

杉晋作、伊藤博文、山县有朋等倒幕维新领导人。后来，因为号召武力讨伐幕府，组织策划刺杀行动被处死。

　　"黑船来航"事件对日本历史的影响相当于鸦片战争之于中国，不过中国和日本对西方入侵采取了不一样的做法。中国的国门是被西方用武力打开的，而日本面对美国的军舰，自己乖乖地打开了国门。其背后应该是文化的因素在起作用，日本过去一心一意学中国，现在当然也可以一心一意学西方。与其抵抗失败而开放，还不如开放而不失败。更为奇怪的是，日本后来在神奈川县横须贺市建造了一个佩里公园，在1853年美国人佩里率领的黑船登陆处竖立着一座佩里登陆纪念碑，上有前日本首相伊藤博文的亲笔手书："北米合众国水师提督佩里上陆纪念碑"。并且，日本还把7月9日定为"黑船来航"事件纪念日，每年这个季节，都会在位于日本东京湾入口处的横须贺举行盛大的"开国祭"。"开国祭"

的设立，是为了纪念美国东印度舰队司令佩里，正是他用武力胁迫日本，改变了其延续两百年的闭关锁国政策。佩里之于日本，那不是无异于强盗吗？一个崇拜侵略的民族，会与邻国和平共处吗？

北米合众国水师提督佩里上陆纪念碑

佩里叩关标志着日本进入新时代的开始。日本从此改弦更张，积极学习西方先进技术，用30年时间走完了西方300年所走的发展道路。

在1868年以后的几年里，日本更是通过"明治维新"，转身向西，"脱亚入欧"，走上资本主义道路，国力日渐强盛，开始"不甘处岛国之境"，立足以战争手段侵略和吞并中国、朝鲜等周边大陆国家。

1887年，日本参谋本部制定了《清国征讨方略》，提出"乘彼尚幼稚"，以武力分割中国，"断其四肢，伤其身体，使之不能活动"。方案要求在1892年前完成对华作战准备，进攻方向是朝鲜、辽东半岛、澎湖列岛和台湾。7年后，日本正是按照这个时间表和线路图发动了甲午战争，并几乎达到全部预期目的。

与此几乎同一时期的大清朝，在经历了两次鸦片战争的打击后突然领悟到自身发展的紧迫性，清朝统治集团中的洋务派掀起了一场轰轰烈烈的洋务运动，并于1888年正式建立了北洋水师，号称亚洲第一、世界第四到第八，成为亚洲一支强大的海军力量，使欧美列强也因此放缓了侵略脚步。

但不同的是，清朝并未像日本那样变革国家制度而走上富国强兵的道路，政治上仍然极为腐败，人民生活困苦，官场中各派系明争暗斗、尔虞我诈，国防军事外强中干，纪律松弛。一个回光返照的老大帝国和一个喷薄欲出的近代国家形成鲜明的对比。

当时的国际局势是，美国希望日本成为其侵略中国和朝鲜的助手，英国企图利用日本牵制俄国在远东的势力，德国和法国欲趁日本侵华之机夺取新的利益，俄国虽然也觊觎中国东北和朝鲜，但尚未准备就绪。列强的默许和纵容，在一定程度上也助长了日本实施侵略计划的野心。

日本在经过充分的准备后，终于张开其战争獠牙，从南北两个方向开始扩张。

1872年，日本开始侵略中国附属国琉球，准备以琉球为跳板进攻台湾。

琉球，在历史上具有独立国家的地位。从14世纪起接受明朝皇帝的册封，使用中国的年号，建立了与中国的藩属关系。明清两代朝廷在500年间曾24次前往琉球王国册封。从17世纪初开始，日本开始逼迫琉球

1888 年正式建立了北洋水师

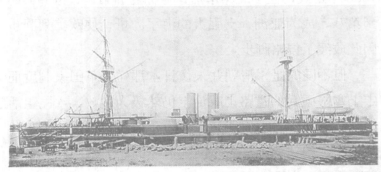

扬威（1881.7–1894），北洋海军巡洋舰。

来远（1887.3.25–1895.2.6），北洋海军装甲巡洋舰。

平远（1889.5–1904.9.18），北洋海军防御铁甲舰。

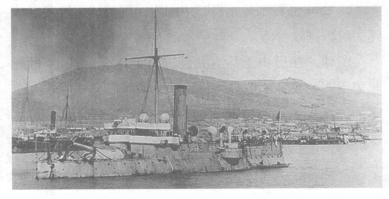

济远（1883.12—1904.11），北洋海军防护巡洋舰。

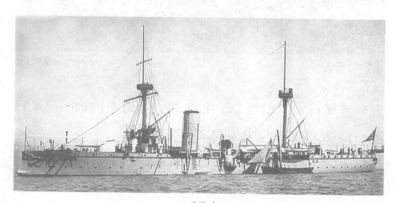

致远（1886.9.29—1894.9.17），北洋海军巡洋舰。

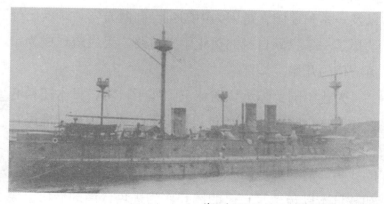

镇远（1882.11—1912.4），北洋海军铁甲舰。

同时藩属日本。1872年，日本单方面宣布琉球国属于日本，1875年废止与中国的宗藩关系。

中国从周朝开始建立宗藩体制，如果当时中国继续履行宗主国的责任，完全可以让琉球王国作为一个独立的主权国家存在，之所以清政府心甘情愿地丢掉了琉球以及一系列藩国，是因为中国自己向西方学习时就已经选择了一条只顾自身的孤立主义道路。丢失琉球成为宗藩解体的开始。

为让中国实际承认琉球王国属于日本，日本还精心设计了一个阴谋。1874年，日本翻出3年前琉球渔民在台湾被杀的"牡丹社事件"，悍然发动了侵略中国台湾的战争。清朝真是糊涂，琉球王国本来是中国的藩属国，却被日本以琉球是自己的属邦作为进攻台湾的借口，成为近代史上日本第一次对中国的武装侵略。好在当时日本和中国实力悬殊，加上水土不服，日军失利。在美英等国的"调停"下，日本向清朝勒索白银50万两，并迫使清廷承认日军侵台是"保民义举"，才从台湾撤军。这样一来，就等于间接承认琉球人是日本属民，后来，由于清廷的软弱无能，日本于1879年完全并吞了琉球王国，改设为冲绳县。

中国丢掉了琉球，日本却又盯上了朝鲜。清朝的统治者对于朝鲜还是非常重视的，有着与琉球不一样的态度，丢掉了朝鲜，就意味着国门洞开。

朝鲜在过去的几百年中确实是中国的属国，但当清朝的国门被西方侵略者打开后，已经没有精力和意愿帮助朝鲜。当美国尤其是日本与朝鲜发生冲突时，中国以"藩国自主"作为答复，拒绝为朝鲜承担宗主国的责任。

中国的拒绝让日本有了与朝鲜直接交涉的理由，日本意图侵犯朝鲜与吞并琉球的手段如出一辙。

1874年，日本退出台湾的第二年，就派出"云扬"号等3艘军舰北上朝鲜，炮击朝鲜釜山，入侵江华岛，制造了"江华岛事件"，以日本大获全胜告终。朝鲜被迫与日本签订《江华条约》，向日本打开了国门。在此条约中，日朝两国相互确认对方为"独立主权国家"，中国在朝鲜的宗主权被日朝两国莫名其妙地单方面取消。

但是，当中国的李鸿章看清了《江华条约》背后对

中国的战略影响，便开始了战略反击。如果让日本独占朝鲜，对中国的威胁那就太大了，朝鲜将不再成为中国的战略缓冲带，反而会成为日本进攻中国的桥头堡。李鸿章采取了"以夷制夷"的外交战略，他努力设法让美、英、法、德、意大利和俄国等大国相继与朝鲜签订双边通商协议，使朝鲜成为一个向全世界开放的国家，中国由此顺利地夺回了朝鲜事务的主导权，不再刻意强调宗主国、宗主权，中国与朝鲜转而成为"特殊的国与国关系"。

1882 年，朝鲜爆发壬午兵变，日本政府决定借机大举入侵朝鲜，胁迫其割地赔款，签订新的不平等条约。清朝政府得到消息后决定"抗日援朝"。

由于清军抢先于日本登陆，朝鲜境内的叛乱被迅速平定，继而扶持国王李熙掌权，使朝鲜王室对中国的向心力大大增强。应朝鲜王室帮助善后的请求，清政府借机对朝鲜实行了全面控制，除在朝鲜保留军事存在，将平乱的官兵留驻朝鲜，帮助朝鲜训练新军以外，还与朝鲜签订通商条约，以重申中国的宗主国地位。最后，通过代管的方式，全面掌控了朝鲜的海关以及外交事务。

壬午兵变因为清军抢占了先机，日本没能达到预期目的，清政府为免日本心怀怨恨再生事端，采取息事宁人的办法，同意日本和朝鲜签订《济物浦条约》，日本从中获得了 50 万元的赔款和在汉城驻军的权利。日本却丝毫没有接受这样的善意，反而变本加厉，利用在汉城驻军的权利,紧锣密鼓地实施插手朝鲜内政、扶持"开化派"的策略，试图推翻亲华的后党政权，掌握朝鲜的控制权。1884 年,日本支持的亲日派所谓"开化党"，利用中法战争之机, 发动甲申政变, 但没料到朝鲜驻军在袁世凯等年轻军官带领下迅即出手, 平息了动乱。甲申政变以中国大胜, 日本惨败而告终。袁世凯一战成名。

甲申政变后，中国全面控制了朝鲜的内政外交。但毕竟中法战争吃紧，为了避免两线作战，平衡与日本的关系，李鸿章与伊藤博文在善后谈判中作出了一个非常重要而又错误的让步，那就是假如朝鲜将来再发生类似壬午兵变、甲申政变这样的事件，中国向朝鲜出兵，一定会告知日本，日本也有权向朝鲜用兵，从而为甲午战争埋下了巨大的伏笔。

日本没有因为壬午兵变、甲申政变这样的小小失败停下其扩张称霸的脚步，在养精蓄锐十年之后，借朝鲜的另一次内乱——东学党起义，挑起了中日甲午

李鸿章

签订《天津条约》

战争。这一次，清廷可就没那么幸运了，在战争中一败涂地。

　　1894年春天，朝鲜爆发东学党农民起义，很长时间内得不到平息，朝鲜李氏王朝不得不向清政府发出乞援书，请求中国援兵帮助平乱。清政府先派北洋海军"济远"、"扬威"两舰赶赴仁川，再派直隶提督叶志超和太原镇总兵聂士成率2000余淮军渡海前往朝鲜牙山。6月7日，清政府依据中日《天津条约》正式向日本政府发出照会，说明中国派兵是应朝鲜政府请求，"按照属邦旧例"，并保证"一俟事竣，仍即撤回，不再留防"。中国政府自以为在履行宗主国责任而向朝鲜派兵平乱，并没有察觉日本人的居心叵测。日本人不仅不反对，反而通过外交途径怂恿中国尽快出兵，表示日本政府"必无他意"。

难道李鸿章真的忘记了吗？按照十年前李鸿章与伊藤博文的约定，只要中国出兵，日本就有理由也出兵，借此机会重启战端，一举驱除中国在朝鲜的势力。清廷轻易地就相信了日本人的保证，毫无顾忌地钻进了圈套。

在中国政府向朝鲜派兵的同时，日军也在持续不断地向朝鲜派兵，而且规模很大。在叶志超、聂士成所部清军在朝鲜半岛牙山湾完成登陆时，日军先遣队和8艘军舰也已进驻朝鲜，一支7000余人的混成旅团在仁川完成登陆。

当东学党农民起义渐趋平息时，日本军队完全没有在朝鲜留驻的理由。但中国政府发现苗头不对，就按照《天津条约》提议两国同时撤兵。但是日军本就有备而来，对中国的动议根本不予理睬。

这个时候，中日双方仍然没有迫切原因和表面上的适当借口开战。接下来的事，就是找借口，使事态升级。为了找到赖在朝鲜不走的理由，摆脱在外交上的不利地位，日本处心积虑地炮制了一个"改革朝鲜内政方案"，要和清国协力改革朝鲜政府之组织。当然，日本很清楚中国政府不会答应这样的要求，只不过以此蒙骗国际社会。这个"中日两国共改朝政"毕竟在道义上还是比较高明的，在此基础上，日本外相陆奥宗光向中国驻日公使汪风藻提交一份备忘录，对中方拒绝"共改朝政"深表遗憾，表示日本不会放弃这个动议，更不会撤退在朝鲜的军队。这份外交照会后来被称为"第一次对华绝交

承接过北洋水师海防大阅的烟台东炮台远景（展华云摄影）

书"。从此，中日两国在朝鲜问题上冲突不断，关系进一步恶化。既已绝交，日方干脆不再顾及中方态度，开始向朝鲜大规模增兵，并着手单方面制定"朝鲜内政改革方案"，朝鲜事务主导权渐渐微妙地向日方倾斜。

中日战争一触即发，日军已经磨刀霍霍，清政府却还没有形成统一的国家意志，战和未定，更没有形成一个坚强的对日作战领导核心。尤其严重的是，甲午战争除了与日本进行国家对决的外战，还有清廷内部激烈诡谲绝不亚于战场厮杀的内部斗争。清朝统治者围绕主战与主和，展开了激烈的帝后党争。

中国国内舆论呼声四起，清军驻朝将领纷纷请求清廷增兵备战，朝廷里形成了以光绪帝载湉、户部尚书翁同龢（光绪帝的老师）为首的主战派，然而慈禧太后并不愿意其60大寿为战争干扰，李鸿章为了保存自己嫡系的淮军和北洋水师的实力，也企图和解，这些人形成了清廷中的主和派。

中日朝鲜战事，是光绪亲政以来第一次对外战争，他需要一场战争来树立权威，巩固权力，帝党的中坚人物翁同龢也想借光绪帝的权力来扩展帝党的权力版图。而后党所担心的是战争会削弱他们的最高统治地位和军事实力，慈禧太后为了不耽误自己的60岁大庆，支持李鸿章对日妥协。

在帝后党争中，最尴尬无助的，当是李鸿章。自光绪亲政、慈禧退居颐和园后，面临失去靠山的他被各方觊觎。政治对手，往往就是想法一致，而立场不同。李鸿章和翁同龢都明白，李鸿章的困境恰恰就是帝党下手的良机。在帝党心中，整肃淮系北洋远超过国家利益受损。因此整场内斗的明显主线，其实就是李鸿章的淮系北洋，与以翁同龢领导的帝党势力间的对决。

李鸿章曾经寄希望于列强调停，通过外交手段干预，但是美、法、德在权衡利弊，在中日矛盾中选择符合自己利益的立场，英、俄在东亚势力正强，俄国为了其远东利益会在中日交恶中选择日本。所以，日本在战前与英国达成了《日英通商航海条约》以换取对日本发动战争的默许。

于是，中日谈判破裂，日朝谈判破裂，列强调停失败。

难道只有用兵一途吗？

李鸿章曾经向朝廷提出建议：如果一定要在朝鲜问

题上与日本开战，那么就要认真准备，认真筹划，筹集足够经费，添置必要装备，扩军备战。否则，就不要轻启战端，否则后患无穷。可惜，党派之争给理性选择蒙上了爱国主义、国家利益的面纱。

帝党的强硬，光绪的怒火，都在直接或间接地促使清廷轻率地向日本开战。

反观日本，从明治维新初期就明确了建立赶超当时世界最强大海军的宏伟建设目标，特别是在1882年朝鲜发生"壬午兵变"时，日本因海军实力不如中方没有轻举妄动，但从此开始举全国之力建设海军。1886年8月，丁汝昌率4艘军舰执行中俄勘界特使前往海参崴的任务，回航中途顺便在日本长崎对"定远"、"镇远"两艘铁甲舰进行上坞保养，在日本引起震动。长崎驻留期间，北洋水师兵勇醉酒上岸在妓馆闹事，遭到有预期的日本警察袭击，并导致同日本军警和民众发生大规模冲突，造成7名清军士兵死亡、43人受伤，日警方死2人、受伤29人。或许是巨舰的威慑，或许是日本人的别有用心，事件以双方语言不通发生误解所致，双方互相赔偿损失了结。但日本政府却充分利用这次"长崎事件"煽动民族矛盾，激起民众仇恨，散播"如果中日邦交破裂，清朝军舰将大举袭击长崎"的言论，以至于连小孩玩的游戏都是"打沉定远""打沉镇远"。

日本政府对于战争的筹划远远超过民间，"长崎事件"的第二年，日本参谋本部就制定了《清国征讨策案》，提出以 5 年为期完成对华战争的准备，争取在中国尚弱时加以攻击。

在 1894 年 6 月 5 日，日本成立了以天皇直接统辖、以参谋总长为幕僚长、参谋次长为陆军参谋官、海军司令部长为海军参谋官的最高指挥机构——大本营。大本营的建立标志着日本完成了所有的对华战争准备，并蓄意挑起战争。其实，战前在制定作战计划时，除了对陆军信心十足，对海军能否战胜北洋海军并无绝对把握，因此日军大本营针对可能出现的情况制订了三套作战方案：

第一，若海战获胜，取得黄海制海权，陆军即长驱直入直隶，直取北京；

第二，若海战胜负未决，陆军则固守平壤，以舰队维护朝鲜海峡的制海权；

第三，若海军大败，则陆军全部从朝鲜撤退，海军也退守本土沿海。

从日军的作战方案可以看出，日本倾全国之力，试图以"国运相搏"，然而清廷却缺乏清醒认识。三套作战方案，无论哪种，都和海军的胜败相关，也就是说日军要发动的是一场以海军制胜的战争。

北洋海军能否一战？

从装备看：整体上，北洋舰队以铁甲舰和重炮居多，并且"定远"、"镇远"两艘主力舰是当时世界上比较先进的铁甲堡式铁甲舰，直到战时日军也没有获得与"定远"、"镇远"相同威力的战舰，是令日本人望而生畏的巨舰。

从军官看，李鸿章从创办海军之日起，就把创办水师学堂作为培养海军人才的根本来源，北洋海军大部分舰长和高级军官都经过各类海军学堂培养。1877年起，李鸿章还把一些军官送到英美等国留学深造，学成归国的76人大部分被委以重任，被分配到"致远"、"经远"、"镇远"、"济远"等主要战舰上担任要职。难能可贵的是，北洋海军还先后聘请了164名洋员来华帮助训练水师。北洋海军日常管理训练甚至发号施令之旗，都用英文，各舰皆能一目了然。应该说，北洋海军建军初期的训练是极为严格的。

从士兵看，北洋海军自1888年成军，多数官兵在舰训练已达10年以上，舰队合操训练也有6年时间。北洋舰队对下级军官和普通水兵的要求极为严格，招兵时除了检查身体之外，还进行文化考查，上舰之后还必须学会英语。

从战斗精神看，北洋海军总共11名管带（舰长），殉国的就有7名，近3000名官兵血洒海疆。

总的来看，战前中国海军整体实力应该优于日方，但是战争胜败并不能靠军力对比和推演得出。

甲午之败，败在何处？腐败。战败的根本原因是腐败。腐败的政权腐蚀了军队，被腐蚀的军队关键时刻又无法保护政权，所以才"养兵千日、用时一逃"。因为腐败，

没有多少人关心战争的胜败。

在大多数中国人的印象里，提起甲午之败，人们会很自然地想到是北洋水师之败，是海军之败。其实，战争是从陆海两个方向打响的。陆战所占的比重远高于海战。清朝和日本之间的海战主要有三次，第一次的丰岛海战是规模不大的遭遇战；第二次黄海海战是一次惨烈的交锋；第三次是北洋水师被围困在威海军港导致全军覆没。相比之下，甲午战争中的陆战先后有成欢驿之战、平壤之战、鸭绿江防之战、五次海城之战、盖平之战、牛庄之战、田庄台之战等多次重要战役。在战役次数、投入兵力和直接影响等方面，都超过了海战。

当清政府应朝鲜平乱请求调派提督叶志超、总后聂士成率淮军1500人于牙山湾登陆的同时，日本竟然派出一个7000余人的混成旅团。李鸿章在外交调停失败后不得不增兵朝鲜，但仍错误地判断日本不会挑起战争，雇佣了英国公司的"爱仁"、"高升"、"飞鲸"3艘商船作为运兵船，认为中日并未开战，运兵船又挂洋旗，航行安全应该不成问题，在下达三艘军舰牙山护航的命令后又取消。但是，日本通过在华间谍系统获得了中国向朝鲜牙山运兵和护航的详细计划，决定采取海上偷袭行动，不宣而战。

7月25日，方伯谦率"济远"、"广乙"两舰在牙山湾口外丰岛西南海域与日

方伯谦像

本联合舰队第一游击队"吉野"、"浪速"、"秋津洲"遭遇。日舰以不宣而战的方式，袭击"济远"和"广乙"，两舰被迫还击。因实力悬殊，两舰被击伤，"广乙"搁浅沉没。日舰在追击"济远"舰时，发现后续朝丰岛方向驶来的"高升"号运兵商船和运送军械饷银的"操江"号运输舰。遗憾的是，"济远"号作为军舰并没有解救两船，而是自顾逃跑。结果，载有1000多名水兵的"高升"号被日舰击沉，780多名淮军子弟魂归大海。日军不仅不顾英籍商船"高升"号船长的一再交涉，击沉"高升"号外，还残忍射杀已落水失去抵抗力的中国士兵。

中日甲午战争的大幕就此拉开。8月1日，中日两国同时宣战。

就在7月25日丰岛海战打响的当天，驻扎在朝鲜汉城的日本陆军混成旅团也积极进攻，占领牙山，在行军途中得知清军主力已移驻牙山东北的成欢驿，遂直扑过去。

7月28日夜，日军混成旅团悄然完成对成欢驿的包围，分两路发起攻击。经过几个小时激战，日军逐步攻破清军防御阵地，成欢驿失守，清军损失200余人。聂士成被迫率军突围，向平壤集结。

成欢驿的陆上战败和丰岛海战的失利，使清军的问题暴露无遗，失败主义情绪从此开始在清军中漫延。日军气焰更盛。

朝鲜战事吃紧，清政府在中日两国宣战后，先后抽调总兵卫汝贵部盛军、总兵马玉昆部毅军、总兵左宝贵部奉军、侍卫丰升阿部练军四支大军29个营共14000余人，于8月上旬抵达平壤，加上叶志超和聂士成败退下来的残兵，使平壤的清军兵力达到了18000人。

在牙山战役中，叶志超不但自己没有率部投入作战，而且作为前线最高指挥官，对清军全面撤退也负有责任。可是在牙山之战后，叶志超却向清廷谎报"牙山大捷"，此后又屡次上报击败日军。李鸿章不辨真假，把叶志超

的"捷报"上奏光绪帝。不久，朝廷明令嘉奖，叶志超还被任命为平壤清军的总指挥，使得"一军皆惊"。结果，这位总指挥既不整军备战，也不关心平壤防务，整天饮酒作乐。

这样一个人，怎么会爬上总指挥的高位？据传说叶志超早年参加团练时，在作战中被火铳击中腰部，大家都以为他必死无疑，但见他噌地跃起，继续战斗，原来叶志超只是被火药击中腰刀，自己毫发无损，人皆以为星宿下凡。这样看来，叶志超应是出身基层，逐步攀升到高级军官，按理不应是带头逃窜的胆小鬼。那就是说，如果不是叶志超出了问题那就是清军整体出了问题，在人事任命上不具备起码的公平，内部管理和腐败到了令人无法容忍的地步，不应为其辩护。

日军大本营的计划是把朝鲜作为陆战的主战场，因此清军主力集结的平壤也就成为日军进攻的重点。

9月，日军完成了对平壤的合围，切断清军退路。战斗从12日打响，一直持续到15日，清军将领马玉崑、左宝贵、卫汝贵等率部奋力抵抗，中日双方各有死伤。14日，日军形成对平壤城的合围，晚上，总指挥叶志超即主张弃城撤退。总兵左宝贵坚决反对，并且派亲兵监视他这位上司，防止叶志超私自逃跑。15日，日军向平壤城发起总攻。后来，左宝贵在以2900余人对日军7800余人的优势兵力攻击下，牡丹台、玄武门一线失守，左宝贵中弹牺牲。

此时，日军尚未进城，清军弹药、粮食足够守城一个月，而日军弹药、粮食即将告罄，加之当时平壤正在下雨，日军冒雨露宿，处境极为困难。如清军决心坚守，战事犹有可为。坐守内城的主帅叶志超却力主弃城逃走："北门咽喉既失，弹药不齐，转运不通，军心惊惧，若敌兵连夜攻击，何以御之？不若暂弃平壤，令彼骄心，养我锐志，再图大举，一气成功也。"从这段话不难看出，他的主要理由是放弃平壤、保存实力，结果，弃城撤退的清军遭到日军的截击和伏击，兵溃如山倒。第二天，日军占领平壤。叶氏在突出重围后不敢久留，率部狂奔500里，退过鸭绿江，至此，平壤战役以清军完败告终，整个朝鲜随即成为日本的囊中之物。甲午战争陆路部分就此结束，剩下的只有海战。

平壤战役结束的两天后，9月17日，中日海军舰队在黄海大东沟狭路相逢。北洋舰队主力编队的10艘军舰以一字雁行阵形向日舰方向运动，日本联合舰队的12艘军舰分列为两个战术分队鱼贯跟进。当两国舰队相距5000米左右时，日舰第一分队突然左转，直奔北洋舰队右翼。北洋水师旗舰"定远"舰首先开炮，日舰"松岛"号发炮还击。战斗刚一开始，北洋舰队总指挥、海军提督丁汝昌就身负重伤，只能坐在甲板上鼓励水兵拼战。不久，"定远"舰上的信号旗语装置被日舰炮火击毁，北洋舰队由此失去了统一指挥，此后各舰基本上各自为战。北洋舰队右翼较弱的"超勇"、"扬威"时间不长即

威海环翠楼前的邓世昌雕像

邓世昌像

被击沉，使北洋舰队陷入腹背受敌的不利局面。

在激战中，"致远"舰多处中弹受伤，舰身倾斜且弹药用光，管带邓世昌断然下令"致远"舰开足马力向日舰"吉野"号撞去，欲与之同归于尽，不幸被日舰发出的鱼雷击中，发生锅炉大爆炸，舰体破裂下沉，邓世昌落海，水兵们赶来营救，他养的爱犬也游至身边，口衔其发辫奋力救援。但邓世昌决心与舰共存亡，遂捺犬首于水中，随自己一同沉入波涛之中，壮烈殉国，时年46岁。事迹传开之后，光绪帝亲笔手书挽联"此日漫挥天下泪，有公足壮海军威"。

"致远"舰沉没后，"经远"舰也多处中弹起火，管带林永升头部中弹阵亡，全舰250余名官兵沉入大海。"来远"、"靖远"两舰多处受伤，全力苦战。北洋舰队的核

心力量"定远"和"镇远"两艘铁甲巨舰遭到多艘日舰的围攻。

激战持续五个小时，17时40分左右，日本联合舰队主动撤离战场。此役，北洋舰队被击沉和击毁军舰5艘，被击伤4艘；而日本联合舰队仅被击伤军舰5艘，无一被击沉。清军死伤千余，日军死伤六百。

此后，北洋战舰为避战保船，退守旅顺、威海，不再出战，黄海制海权，以及中国门户，均落入日军手中。这个重大的战略错误，导致北洋舰队最后被围歼。

黄海海战后北洋舰队受到较大损失，日军乘胜追击，大本营兵分两路，从南北两线将战火烧到中国境内，辽东、辽南的战略重镇边连城、安东（今丹东）、大孤山、凤凰城（今凤城）、岫岩、金洲、大连湾和旅顺口军港相继陷落。山东半岛沦陷，使京畿门户洞开，日军长驱直入的危险大增，这是大清朝入主中原200多年以来最担心的事情。在残酷的现实面前，清廷终于明白李鸿章战前为何反复强调绝不可轻启战端。

战场上的一连串失利，使清政府不得不两度向日本求和，但均遭到日本拒绝。日本拒绝中国议和的目的，是要在军事上发动更大规模的攻势，以战场态势争取更多筹码，从而提出更为苛刻的勒索条件。此时，日军并没有完全消灭北洋海军，黄海制海权没有完全控制，"定远"、"镇远"两艘铁甲巨舰仍将对日本产生威胁。

黄海海战，北洋海军虽然损失较大，局势尚未完全失控。如果清政府能将北洋、南洋、福建、广东四支海军集中使用，施以正确的战略和作战指挥，大可与日军一争高下，可惜不能。李鸿章为了自保，早就定下了"保船制敌"的方针。"保船"就是保住铁甲舰，保住北洋舰队，只要北洋舰队在，就可以"吓日"。所谓"制敌"，就是舰队在渤海海口一带巡弋，作"猛虎在山之势"，使日本不敢轻易进犯。

事实证明，被动地"保船"是保不住的。1894年11月，铁甲舰"镇远"返回威海时触礁受重伤，"伤机器舱，裂口三丈余，宽五尺"。舰长林泰曾深感责任重大，自杀身亡。如此，两艘铁甲巨舰仅剩其一。

日本联合舰队经过多次实地侦察，获悉北洋舰队仍驻泊于威海卫军港，在制定了详细的作战计划后，准备以海陆夹击之势强攻威海卫，以达到全歼北洋舰队的目的。

威海卫军港是北洋海军的战略基地，明朝为防御倭寇设卫而得名。卫城位于港湾西岸。威海卫港面向东北、三面环山，南北两岸如同两只巨臂伸向海中。从南岸至北岸长约20千米，建有陆路炮台和海岸炮台多座，分别统称为南帮炮台和北帮炮台。港湾之中的刘公岛海港分为东、西两个出入口，岛上建有多座炮台，设有多门新式大炮。

10月18日，在黄海海战中受到较大损失的北洋舰队在旅顺口维修之后移师威海卫军港。此时，除"镇远"

刘公岛远景

刘公岛上北洋海军忠魂塔

触礁受重伤失去战斗力以外，两艘铁甲巨舰之一的"定远"尚在，"来远"、"靖远"、"济远"、"平远"、"广丙"等7艘主战军舰，"镇东"、"镇西"、"镇南"、"镇北"、"镇边"、"镇中"等6艘炮舰及其他10多艘舰船，仍然具备一定的海上机动作战能力。

1895年2月2日，环绕威海卫军港陆地三面的南帮炮台、威海卫城、北帮炮台悉数被日军攻陷，北洋舰队被日本陆海两军封锁于威海卫军港，失去了与外界的有线电报等一切联系，四面受敌。在这种情况下，丁汝昌除了死守刘公岛以待援兵已经没有选择。

1895年2月3日，日本联合舰队以单列纵队驰至4000余米的距离时，首先发炮对刘公岛和军港内的北洋舰队实施炮击，丁汝昌指挥守军奋力反击，双方展开激烈炮战。双方炮战一天，日本军舰始终无法接近威海卫港口，最后不得已而退。

日军白天强攻不成，便决定在夜里用鱼雷偷袭，日本联合舰队出动2艘鱼雷艇悄悄驶入港内破坏航道上的防材，因中国军队防守严密，仅砍断了一条铁索后逃走。

2月4日夜，日军又出动了10艘鱼雷艇偷袭，其中6艘躲过了清军的防线驶入军港进行偷袭。"定远"舰被日军发射的鱼雷击中尾部，舰体受到严重破坏，丁汝昌只得下令将"定远"舰驶到刘公岛南岸海滩处搁浅。至此，两艘铁甲巨舰都退出了战斗。

2月5日，日本联合舰队故技重施，白天猛攻，夜间再次出动鱼雷艇队进行偷袭。结果，"来远"巡洋舰、"威远"练习舰和"宝筏"布雷舰被击毁。

鉴于北洋舰队又有几艘军舰被击沉，日本联合舰队司令长官伊东祐亨下令于2月7日总攻刘公岛。上午7时30分，日本联合舰队倾巢出动，对刘公岛发起猛烈

丁汝昌雕像

炮击。北洋舰队各舰与刘公岛、日岛炮台进行还击。日军的旗舰松岛号、桥立号舰、秋津洲号、浪速号都中弹受伤，日本联合舰队遭此损伤，气焰为之一挫。

然而，最危险的还不是来自敌人，而是来自内部。就在日军向刘公岛发动总攻的紧要关头，北洋海军10艘鱼雷艇在管带王平、蔡廷干率领下结伙逃跑，逃跑的鱼雷艇不顾敌方和己方两方面的炮火轰击，有的弃艇登岸，有的任由鱼雷艇搁浅，被日军俘获。一支完整无损的鱼雷艇支队，就这么丢脸地自我毁灭。更可恶的是，鱼雷艇管带王平不仅带头驾艇出逃，逃到烟台后还谎称丁汝昌命令其率军冲出，威海已失。陆路援兵听信王平的谎言，撤销了对威海的陆路增援，直接导致了威海卫无法挽回的败局。

2 月的刘公岛气温极低，寒风呼啸。白天，北洋舰队要与日军进行激烈的火炮对射，夜里还要防备敌艇偷袭。陆上援兵杳无音讯，就连弹药都将耗光用尽，伤兵日多，人心浮动。

在日军发动总攻的第二天，英国人泰莱（北洋舰队教官）、克尔克（刘公岛医院医生）、德国人瑞乃尔（陆军炮术教官）就与威海卫水陆营务处道员牛昶炳密谋投降。2 月 8 日午夜时分，泰莱和瑞乃尔去见丁汝昌要求投降，被丁汝昌严辞拒绝，并且对兵勇进行了安抚，要求大家继续坚守战位。但事态发展益发严重，最后竟发展到集体投降的地步。"各管带（舰长）接踵至，相对泣"，营务处道员牛昶炳和部分军官请降，"刘公岛兵士、

按一比一比例历时四年复制而成的定远舰（展华云摄影）

水手聚党噪出，鸣枪过市，声言向提督觅生路"。

由于援军久盼不至，刘公岛的形势更趋恶化。为了不让受伤的军舰落入日军之手，丁汝昌无奈之下于 2 月 9 日下令炸沉了"靖远"舰，并在"定远"舰的中央要部装上棉火药，将其炸毁。2 月 10 日，誓与军舰共存亡的右翼总兵、"定远"舰管带刘步蟾在极度悲愤中自杀身亡，时年仅 44 岁。

刘步蟾是中国近代一位非常杰出的爱国海军将领，精通海军业务，对北洋海军的成军有过重要贡献。1867 年考入福州船政学堂首期驾驶班，以毕业考试第一名的成绩被选派赴英国留学深造，曾在英国海军旗舰"马那多"号担任见习大副，获得优等文凭。回国后，仅 36 岁就担任了这支亚洲最大舰队的右翼总兵（相当于舰队副司令），曾主持制定了《北洋海军章程》等一系列海军建设的重要法规文件。因海军提督丁汝昌是海军业务外行，所以"凡关操练及整顿事宜，悉委步蟾主持"。

刘步蟾之死，代表着北洋舰队的命运即将走到尽头。

刘步蟾死后，面对着全军崩溃的局面，丁汝昌下令炸沉所有残存的军舰，竟没人响应。之后，复下令各舰突围，也没人响应。

在万般无奈和极度绝望当中，丁汝昌服毒自杀。

北洋舰队的残余部队恐怕触怒日本人，不肯沉船，致使"镇远"、"济远"、"平远"等 10 艘舰船为日海军俘获。令人惊愕的是，在被俘的舰船当中，有艘 1000 吨级的鱼雷巡洋舰"广丙"号竟然向日军提出，本舰属于广东水师，只是去年秋天海军会操时来到威海卫，此时应予放行南返。由此可以看出，持有"与日军打仗只是北洋水师的事"这种观点在大清朝野内外已成主流。

2 月 17 日上午 10 时 30 分，日本联合舰队耀武扬威地驶入威海卫军港，举行"捕获式"。同日下午 16 时，卸下炮械的练习舰"康济"号载着丁汝昌、刘步蟾等人灵柩和遣返的中外官员，在哀鸣的汽笛声中，伴随着凄风冷雨，缓缓驶离刘公岛。

曾经一度威震远东的清朝北洋舰队，就此全军覆没，它同时代表着中日甲午战争的结束。

第四辑

『一战』中的标志性海战：日德兰海战

19 世纪下半叶以来，英、美、法、德、意、日等国相继完成工业革命，进入了帝国主义时代。帝国主义国家之间发展的不平衡，打破了原有世界格局的均势。英法等资本主义先发展成熟，已形成主宰世界格局的局面，而德意志后来居上。后起国家随着实力不断加强，要求重新瓜分势力范围；老牌帝国主义国家为了维护既得利益，极力巩固已有优势。

帝国主义国家两大集团的形成，为第一次世界大战爆发提供了条件。1882 年 5 月，德国、奥匈帝国和意大利结成三国同盟，以条约形式规定在未来战争中三国要相互支持。1894 年，法国与俄国签订了针对同盟国的军事协定，规定如果同盟国尤其是德国对一国发动攻击时，另一国要立即给予支持。20 世纪初，英国一改原来"光荣孤立"的政策，分别于 1904 年和 1907 年和法国、俄国签订条约。于是，在欧洲形成了"三国协约"对抗"三国同盟"的态势。

帝国主义国家两大集团之间的对抗，最突出的是英德矛盾。英德之间围绕争夺殖民地的尖锐斗争以及双方围绕"无畏"级战列舰而展开的海军军备竞赛也愈演愈烈。英国是海上霸主，强大的海军是其建立和维护庞大殖民帝国的保障。德国要想扩大殖民势力范围，必须争夺海上霸权。"一战"前夕，双方海洋霸权争夺已经白热化。

第一次世界大战是一场以陆战为主的战争，战争是

日德兰海战－第一次世界大战中的英德海军对抗

在陆地上引发也是在陆地上结束的，但海战的作用也不能低估。"一战"中的海战主要集中在英吉利海峡、北海和地中海。尽管参战国家很多，但英德两国间的海军状况和海战对战争全局起着决定性影响。

"一战"海战中最为引人注目的大型水面战斗是发生在1916年的日德兰海战。

日德兰海战也被称为斯卡格拉克海战，是第一次世界大战期间规模最大的一次海战，也是海军历史上战列舰大编队之间的最后一次决战，从而结束了以战列舰为主力舰的历史，成为世界海战史上的一个重大转折点。

在海战爆发前，英国凭借其海军优势对德国进行全面海上

冯·舍尔

封锁。为打破封锁，德国新任大洋舰队司令官冯·舍尔海军上将精心制定了一个以少数战列舰和巡洋舰袭击英国海岸，诱使部分英国舰队前出，然后集中大洋舰队主力进行决战，彻底消灭英国主力舰队的作战计划。为达成这一计划，冯·舍尔命令希佩尔海军上将指挥战列巡洋舰分舰队在斯卡格拉克海峡佯动，企图诱使英国海军编队出海，然后以公海舰队主力进行截击并将其歼灭。

冯·舍尔的诱敌出动计划不可谓不周密，但电报早就被英国海军截获。原来，1914 年 8 月，俄国潜水员在芬兰湾口击沉的德国军舰残骸里，发现了一份德国海军的密码本和旗语手册，并将其提供给了英国海军统帅部。因此，英国海军轻易地破译了德国海军的无线电密码，准确掌握了德国海军的行踪。

而实施封锁计划的英国也在担心封锁战可能会演变成长期消耗战，同样希望寻机歼灭德国海军主力，彻底掌握制海权。受德国海军"钓鱼计划"的启发，英国海军主力舰队司令约翰·杰利科上将根据掌握的德国海军情报，连夜制定出一个与舍尔如出一辙的作战方案，同样派出一支诱饵舰队，佯败以诱敌深入，然后把整个舰队主力埋伏在伏击圈中，再像重锤一样砸烂敌人。

1916 年 5 月 30 日夜，英国诱敌舰队在贝蒂将军指挥下驶离苏格兰港口罗赛斯，皇家海军主力同时在约翰·杰利科勋爵海军上将率领下开往伏击地域。英国舰队刚一出动，马上就被德国潜艇发现。

　　而在德国方面，希佩尔将军也率领德国的诱敌舰队从杰德河口基地出发，开向日德兰半岛西海岸。舍尔海军上将统领的德国大洋舰队也同时开往设伏海域。德国海军放出的诱饵也早已处在英国海军的监视之中。双方都以为对方已经上钩。

　　5月31日下午，英德两国的前卫舰队（诱敌舰队）在斯卡格拉克海峡附近海域遭遇，开始远距离的炮轰。此时，英国海军主力还未到达战场，英国先遣舰队的实力略逊于德方。德方因为要执行诱敌深入的作战计划，采取了且战且走的战术。但英国的前卫舰队见到嘴的肥肉要飞，不顾预定任务进行猛追，致使威力大速度慢的4艘战列舰掉队10多海里。追到相距20千米的距离上，双方舰队开始对射，在短短的几十分钟内，英舰2沉1伤，损失惨重。英军前卫舰队下令北撤，德国海军反过来又追击英国舰队。

　　于是，德英两国海军主力舰队先后抵达战场。

　　舍尔指挥舰队全线追击，他根本没想到自己钓上的鱼正是英国人施放的诱饵。英国主力舰队就在附近。18时左右，英军前卫舰队和主力舰队会合，英国舰队被动的局面开始扭转，作战形势开始向英军有利的方向转化。

杰利科海军上将看到德国舰队成线性纵列布阵，决心采用大胆的横穿"T"字头战术，也就是组织主力战舰从敌舰队中央穿过，切断敌人纵队，把主突破点选择在敌人旗舰上，从而一举摧毁敌舰队指挥中枢。

随着杰利科海军上将一声令下，六艘英军主力战列舰并成一条长长的横列逼近德国舰队。英军的战术企图很快被德军识破，德国舰队边打边向南撤退，意图诱使英国舰队进入此前设定的伏击海域，再行决战。

随着夜幕降临，一场混战暂时停止，双方都没能达成战术企图。双方指挥员都在酝酿新的作战计划。

由于退回基地的后路已被英军切断，对德军来说至关重要的事情是从包围圈中突围出去。如果德军不能借助夜色突围，那么当太阳升起，德军舰队势必将全军覆没。舍尔决定采取一个冒险的计划，即转向东南，向英舰队的尾部冲杀过去，抄最近的航道通过合恩礁水道返回基地，德军在合恩礁布放的雷场将掩护德国舰队安全返航。

英军方面，杰利科则担心德国水雷、鱼雷和潜艇给大型军舰造成得不偿失的结果，加上夜间敌我不辨，决定夜间不再追杀德军，准备在舍尔和德国海岸之间的几条途径上巡逻到清晨，等到白天再进行决战。

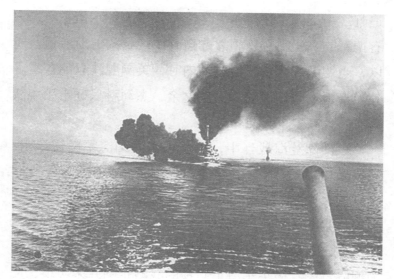

为了掩护主力舰队突围,舍尔把所有能用的驱逐舰都派出去拦截英军主力舰队。整个夜间,德军的驱逐舰像狼群一样,不时地袭击英舰,给英军造成混乱和判断失误,使杰利科摸不清德国舰队在哪个方向。

23时30分,大洋舰队和英军担任后卫的驱逐舰遭遇,双方借助照明弹、探照灯和舰艇中弹的火光进行着漫无目标的射击和冲撞。在疯狂的混战和可怕的碰撞当中,双方互有损伤。这场混战一直持续到6月1日凌晨2时方告结束。

6月1日凌晨3时,德国舰队抛下了失去行动能力的"黑王子"号等数艘舰只,突破了英军封锁线,向赫尔戈兰湾方向迂回突围。杰利科随即率领英国舰队极力追赶。由于德军在赫尔戈兰湾布置了大片水雷雷场，只有德军的高级海军将领才知道其中隐秘的通航航道。所以，当德国舰队仓皇撤进港内时，英国舰队只能在雷区外无奈地发空炮泄愤。失望之余，杰利科只好带领舰队返航。

在日德兰海战当中，尽管英德两国海军精锐尽出，但战果却相当有限。在整个海战中德军共击沉英军3艘战列舰、3艘巡洋舰和8艘驱逐舰，自己损失了2艘战列舰、4艘巡洋舰、4艘驱逐舰。从被击沉的军舰总吨位及伤亡人数上看，英军损失明显高于德军。但德军主力舰队试图打破英军海上封锁的战略企图并未实现，反而是被皇家海军彻底封闭在母港内，直到"一战"结束，都未再有作为。所以，当时有人评论说"德国舰队暴揍了狱卒一顿，但仍被关在狱中"。

在第一次世界大战中，以英国为首的协约国尽管在海上力量方面占绝对优势，但在海战中从未取得过压倒性胜利。德国海军是战败国的海军，但不是一支战败了的海军。虽然德国海军未被打败，但德国的战败也导致了其海军的覆灭。

第五辑

『二战』中的海战

1939年9月1日4时45分，纳粹德国大举入侵波兰，由此拉开了第二次世界大战的序幕。

纳粹德国企图以闪击战一举击溃波兰，从而给英国和法国造成既成事实。

尽管希特勒在进攻波兰之前，知道英法两国与波兰签订过互助条约，但他判断英法不会为波兰承担实质性义务，没想到英法两国同时在9月3日对德国宣战，打乱了他的战争计划。也就是说，德国尤其是海军对英法介入的战争准备并不充分。

在海战方面，德国海军司令埃利希·雷德尔元帅曾在1938年底向希特勒提交过一份长期造舰计划，提出在10年内建立一支比英国海军舰队还强大的水面舰艇部队（以水面舰艇为主，其次是潜艇），直到从英国人手中夺取制海权，这份长远规划被称为"Z"计划。"Z"计划得到了希特勒的批准。

英法向德国宣战之后，德国被迫放弃"Z"计划，停止水面舰艇建造，转而加紧建造潜艇。

按照兵力对比，英国的水面舰艇实力明显超过德国，但英国的致命弱点是其经济命脉对海上贸易太过依赖。因此，时任德国潜艇舰队司令的邓尼茨极力主张以潜艇实施交通破袭战。

在英法对德国宣战的当天，德国海军以U—30号潜艇击沉了英国的"阿锡尼亚"号客轮，造成1417名乘客中的112人死亡。

德国U型潜艇

　　"阿锡尼亚"号遭袭事件发生后，英国宣布对德国实施海上封锁，围绕大西洋制海权展开了激烈争夺。

1. 大西洋海面争夺战

　　大西洋是世界第二大洋，位于欧洲、非洲、南北美洲和南极洲之间，战略地位非常重要。

　　战争爆发后，海上力量本就非常强大的英国海军加上法国海军的联盟，使得德国海军处于绝对劣势。面对这种情况，德国海军只能和"一战"的做法一样，尽量避免与

英国主力舰队决战，主要采取海上袭击和潜艇战术。

拉普拉塔河口海战

拉普拉塔河位于南美洲乌拉圭和阿根廷两国交界处，是一条宽阔的深水河流，河口外有三条通往南大西洋的深水航道，有利于海上袭击。

战争爆发后，德国袖珍战列舰"格拉夫·施佩海军上将"号（以下简称"施佩"号）从德国威廉港起航进入南大西洋。该舰在汉斯·朗斯道夫舰长指挥下，从1939年9月至12月的3个月巡航时间里，先后击沉了50000吨的商船，包括数艘油轮，对盟国的海上运输线

"格拉夫·施佩海军上将"号

构成很大的威胁。

为此，英国海军部在南大西洋集结了大量的军舰，对"施佩"号进行大规模的搜索。其中，由海军准将亨利·哈伍德指挥的 G 舰队担任南大西洋西部的巡逻和警戒。G 舰队由"埃克塞特"号重巡洋舰及"阿贾克斯"号、新西兰海军的"阿基里斯"号轻巡洋舰组成。

12 月 2 日，当"施佩"号再次在圣赫勒那岛击沉 1 艘英国商船时，远在 3000 千米以外的哈伍德就判断出"施佩"号将要向拉普拉塔河口驶来，预计于 12 月 13 日到达。事实证明，哈伍德的判断极其正确。

12 月 13 日一早，G 舰队的三艘战舰静静地等候于拉普拉塔河口。6 时 14 分左右，双方均发现了对方。由于"施佩"号的 6 门 11 英寸主炮射程近 30000 码（1 码等于 0.9144 米），比英舰的射程大约远 9000 码。哈伍德果断下令 3 艘英舰分成两队，高速接近敌舰，使敌舰炮火顾此失彼。

双方几乎于同时开炮。"施佩"号虽然重创了"埃克塞特"号，但在三面夹击之下也连连中弹，于是驶向乌拉圭首都蒙得维的亚，企图在中立国港口避难，以修补损伤及补给燃料。哈伍德派另两艘尚未失去战斗力的军舰尾随追击。根据国际公法规定，交战国舰艇寄泊在中立国港口一般以 24 小时为限。为此，英国一方面通过紧张的外交活动想方设法让乌拉圭把"施佩"号赶走，一方面虚张声势声称"皇家方舟"号航空母舰、"声望"号战列巡洋舰及 3 艘巡洋舰均已抵达蒙得维的亚外海，

"埃克塞特"号重巡洋舰

"阿基里斯"号轻巡洋舰

"阿贾克斯"号

拉普拉塔河口海战德海军与盟军护航舰的鏖战

实则只有"坎伯兰"号前来支援。朗斯道夫相信了英国子虚乌有的假情报并提供给柏林方面。雷德尔元帅通知朗斯道夫如果无法冲出港去，就要他凿沉军舰，避免落入英国人的手中。

1939年12月17日，在突围无望的情况下，朗斯道夫命令将大部分舰员转移到港内的德国商船上，悲壮地驶离蒙得维的亚港。17日18时15分，在蒙得维的亚港西南约6海里的浅水区，德舰开始自行爆炸，约20时45分沉没。

三天之后的凌晨，朗斯道夫留下一封遗书，里面写道："凿沉袖珍战列舰'施佩'号的行动，应该由我一个人负责。我非常愉快地献出我的生命来洗刷任何可能玷污我们国旗的荣誉的耻辱。"然后，开枪自杀。

围歼"俾斯麦"号

1941年春，德国的"沙恩霍斯特"号和"格奈森诺"号驶入大西洋，在短短两个月时间里，共击沉了14万多吨的船只。受水面游击战成功的鼓舞，德国海军总司令雷德尔决定派出被誉为世界上威力最大的新建的战列舰"俾斯麦"号和新的重型巡洋舰"欧根亲王"号，筹划实施大西洋海战中规模最大的一次海上袭击战，给英国大西洋交通线以更沉重的打击。

当英国的侦察机在卑尔根峡湾发现"俾斯麦"号等舰后，英国海军部就对德舰意图作出了正确判断，并制定出先发制敌的计划。

当时，英国有11支运输船队已在大西洋上或即将启航，如果德国集中海军兵力来袭击这些运输船队，将对英国造成灾难性的打击。为此，英国海军部将所有可以调动的大型舰只都交由英国本土舰队司令约翰·托维海军上将指挥。

英国海军部对"俾斯麦"号极为关注。在当时，"俾斯麦"号是现役中最强大的一艘战列舰，舰上装有主力舰所用的最优质的装甲，各水密舱设计精良。追捕和围歼"俾斯麦"号，需要动用英国皇家海军现有的一切兵力。

5月23日，在丹麦海峡担负警戒任务的"诺福克"号和"萨福克"号发现了德舰。"威尔士亲王"号和"胡德"号闻讯立即前去迎战。双方交战不久，英舰"胡德"号即被"俾斯麦"号的三次炮火齐射击中炮塔和弹药舱，引发猛烈爆炸，全舰1400余名官兵仅3人生还。"威尔士亲王"号单独作战根本不是"俾斯麦"号对手，只好施放烟幕，撤离战斗。但是，"俾斯麦"号虽然击沉了"胡德"号，自己也中了三发大口径炮弹，燃油柜被打漏，需要进行修理，于是根据德国海军司令部的指令急急向南航行。

英国海军部以最大的决心，要堵截歼灭"俾斯麦"号，

"萨福克"号

"诺福克"号

紧急调派辖有"皇家方舟"号航空母舰的 H 舰队赶来，又将战列舰"罗德尼"号和"拉米伊"号从护航运输队召回，参加追击任务。

期间，"俾斯麦"号一度摆脱了英军的追击，失踪了一整天。5 月 26 日，一架英国"卡塔林娜"号飞机在布加勒斯特以西约750海里处的海域发现了"俾斯麦"号。各路英舰闻讯后开始实施包围。H 舰队从南面赶来，萨默维尔中将派出"谢菲尔德"号巡洋舰进行阵地跟踪"俾斯麦"号，命令"皇家方舟"号上的 14 架剑鱼式舰载机实施攻击。当天夜间，维安上校率领 4 艘驱逐舰冒着暴风雨赶到，将已经受伤的"俾斯麦"号包围起来实施鱼雷袭击。

5 月 27 日上午 9 时，托维海军上将率领战列舰"英王乔治五世"号和"罗德尼"号赶到，仅用了一个多小时的时间，"俾斯麦"号就成了一艘千疮百孔的废船。最后，被"多塞特郡"号巡洋舰连发三条鱼雷炸沉。

"俾斯麦"号的损失，结束了德国用大型作战舰只

"俾斯麦"号

对英国大西洋上护航运输队的袭击。从此，雷德尔在希特勒身边的地位明显下降。海上破坏交通作战的主要任务落到了德国潜艇身上，邓尼茨的地位随之上升。

2. 邓尼茨和他的"狼群"战术

　　曾任德国海军潜艇司令、海军总司令、海军元帅的卡尔·邓尼茨，出生于柏林附近一个小镇的工程师家庭，虽然祖辈都与海军无缘，但他却从青少年时代起便对海军产生向往。在"一战"时，他当过潜艇艇长，曾被英军俘虏。"一战"后，他再次加入德国海军，潜心研究潜艇战术。"二战"开始后，他被任命为潜艇部队指挥官，并发明了"狼群"战术。

　　"狼群"战术，就是把一艘潜艇当作一匹狼，数艘

"狼群"战术

乃至数十艘潜艇组成"狼群"。当一艘潜艇发现敌方运输船队时，并不马上实施攻击，而是隐蔽在水下尾随跟踪，同时发报将运输船队详细情报一一报告给潜艇指挥部。指挥部得到消息后，立即命令附近的潜艇一同向目标靠拢，等到夜幕降临，集中起来的潜艇便一齐像狼群冲向食物一般向目标发起鱼雷攻击，使敌护航兵力顾此失彼，力求给运输队以毁灭性打击。总之，既要驱散护航舰艇，又要消灭运输船队。

按照邓尼茨的设想，德国要在大西洋完成破交战，至少需要300艘潜艇。其中100艘用于战区直接作战，100艘往返于基地和作战海区途中，100艘在基地船厂检修。

1939年9月，第二次世界大战爆发，刚刚升任前线潜艇部队司令的邓尼茨手中只有57艘潜艇可供调遣，而能在大西洋保持战斗力的只有5至7艘。这与英国几百万吨战舰和几千万吨商船相比，实在微不足道，"狼群战术"也难以实施。

为了实施"狼群战术"，真正成为凶猛无敌的恶狼，邓尼茨在大力推动新潜艇建造计划实施的同时，组织部队在不同海区和各种恶劣气象条件下，进行了一系列严格的训练和近乎实战的演习。

4年后，经邓尼茨训练的首批"海底恶狼"一经参战，让全世界都为之震惊。开战仅仅4个月，他们就击沉商船114艘，总吨位42万吨，而且还把英国2.2万吨的"勇

敢"号航空母舰和3万吨的"皇家橡树"号战列舰送到了海底,而德国仅仅损失了9艘潜艇。其间,由普里恩上尉指挥的U-47号潜艇以高超的航海技术,指挥潜艇穿过严密设防的柯克海峡,潜入英国海军基地斯卡帕湾内的锚泊地,击沉"皇家橡树"号的冒险行动成为史上单艇海上袭击的典型战例,被久久传诵。

英国海军航空母舰"勇敢"号被德国 U-29 潜艇的鱼雷击中

日本偷袭珍珠港

1940 年 10 月，一支由 35 艘船只组成的盟军护航运输船队在向东行驶至爱尔兰西北方向约 350 海里处遭到拦截，18 艘运输船只被击沉。攻击刚刚结束，另一支由 49 艘快速商船组成的运输船队又被击沉 13 艘。在德国潜艇发射完鱼雷开始返航时，另一支运输船队闯入这同一海域，结果又损失 7 艘商船。

这种战果明显只倾向于攻击者一方的战斗被德军称为"快乐的时光"，使得邓尼茨在北大西洋的首次潜艇战达到了高潮。德国海军仅付出了损失 6 艘潜艇的代价就击沉对方 217 艘，共 110 余万吨。

1941 年的日本偷袭珍珠港事件，使美国由"中立"转为正式参战，使大西洋战场的形势朝着有利于盟国的方向转变，从而把大西洋之战推进到一个新的阶段。

随着战争的纵深发展，邓尼茨的"狼群战术"终于得到了充分发挥。美国海军参战后，希特勒和雷德尔决定发起"击鼓"战役，派遣潜艇袭击美国沿岸。

1942年初，当美国人民还在为珍珠港事件切齿痛恨日本人的时候，德国人已在美国人的家门口开始了"狩猎季节"，在北美海域展开了进攻。

1月，德国潜艇在美国海域共击沉商船62艘，总吨位32.7275万吨。

2月，德国潜艇在美国东部海域击沉商船17艘，共10.3万吨。

3月，击沉28艘船共15.9万吨。

4月，击沉商船23艘。

这段时间，被德国的潜艇艇员称为第二"黄金期"、第二个"快乐时光"和"猎狩美船的季节"等。

一位名叫约肯·摩尔的艇长向邓尼茨报告战果的电文竟是一首这样的打油诗：

希特勒和邓尼茨

新月之夜月沉沉，

又一艘美国油船被击沉，

悲哀的罗斯福在计算，

啊！光是摩尔艇长就击沉了5万5千吨。

这一年，德国潜艇在各战区共击沉盟国舰船1160艘，总吨位达626.6万吨，而德国潜艇队伍却得到空前壮大，总数上升到393艘。

庞大的潜艇群使邓尼茨不用再按照"吨位战"的原则指挥使用潜艇作战，而是转为随意地运用"狼群"战术。

邓尼茨的卓越指挥才能得到了希特勒的赏识，他由潜艇部队司令升任海军总司令，从而也使"狼群"的攻击达到了前所未有的疯狂程度。

残酷的战争形势，使英美等国认识到了反潜作战的重要性，开始以先进的科学技术和战术加大反潜力度。盟国方面除了为反潜飞机和军舰装上新式雷达进行反潜以外，还下大气力破译德军潜艇密码、改善无线电测向仪来对德国潜艇的通信信号源位置进行精确测定，使用新式深水炸弹"刺猬弹"和"多管反潜炮"等。

另外，盟国还组成了护航航空母舰特混编队，用舰载飞机保证船队安全。特别是盟军还任命了足以与邓尼茨相抗衡的马克斯·霍顿海军上将担任反潜总指挥。

1943年5月，德国潜艇与盟军反潜的海上搏击战达到了一个高潮。在被德国海军称为"黑色五月"的前22

天，就有 32 艘德国潜艇被击沉。

5 月 24 日，邓尼茨命令潜艇撤离北大西洋，转向亚速尔群岛西南海区。

"黑色五月"标志着"狼群"战术的失败。

3. 决战太平洋

中途岛大海战

中途岛海战是美国太平洋舰队与日本海军联合舰队在太平洋中部的中途岛进行的一场举世闻名的大海战。

中途岛地处亚洲至北美的太平洋航线正中，故名中途岛。中途岛虽然只是一个陆地面积仅为 4.7 平方千米的圆礁，但却是美国在中太平洋地区的重要军事基地和交通枢纽，也是美军在夏威夷的门户和前哨阵地，战略位置非常重要。中途岛的得失，将直接影响到美太平洋舰队的大本营珍珠港。

日本在珊瑚海海战一个月之后，为报美军空袭东京的一箭之仇，把中途岛作为前进航空基地，同时也便于及时发现从夏威夷群岛向西活动的美军舰队，并借机诱出美国太平洋舰队与之决战并消灭，日本不惜投入大部海军兵力，发动大规模的战略进攻，夺取中途岛。

中途岛鸟瞰

　　1942年5月5日，日方正式下达攻占中途岛和阿留申群岛的命令。

　　虽然攻击中途岛的计划被列为日本最高机密，但美国的情报部门在中途岛海战打响前夕就已经破解了日本海军通讯系统部分密码，并判明了日本下一步的行动目标。根据这一情报，美国太平洋舰队司令尼米兹召回了在太平洋西南方的航空母舰"企业"号、"大黄蜂"号以及因为参与珊瑚海海战而正在珍珠港进行大修的"约克城"号，再加上约50艘支援舰艇，埋伏在中途岛东北方向，伏击前往中途岛的日本舰队。

　　1942年6月4日凌晨，日军第一攻击波机群108架

飞机分别从四艘航空母舰上起飞，在到达中途岛之前与起飞迎敌的美机发生空战，造成 24 架美机被击落，两架落败返航。因为岛上的飞机早已升空，日军的第一攻击波未能奏效，南云中将决定发起第二波攻击，下令"赤城"号和"加贺"号将在甲板上已经装好鱼雷的飞机送下机库，卸下鱼雷换装对地攻击的高爆炸弹。

7 时 30 分，南云接到电报，称在距离中途岛 40 海里处发现 10 艘美国军舰。南云据此命令，暂停鱼雷机的炸弹换装工作，准备攻击美国舰队。这时，美军的 40 余架 B-17 轰炸机和俯冲轰炸机扑向南云的舰队，由于没有战斗机护航，结果很快被日本的零式战斗机击退。

8 时 30 分，空袭中途岛的第一攻击波机群返航飞临日本舰队的上空。还有那些保护航空母舰的战斗机也需要降落加油。南云处于进退维谷的境地。第二航空母舰战队司令山口海军少将向南云建议"立即命令攻击部队起飞"。因为第二批突击飞机换装鱼雷还没有完成，如果马上发动进攻，也没有战斗机护航。而且舰上的跑道被起飞的飞机占用，那么油箱空空的第一攻击波机群会掉进海里。南云决定把攻击时间推迟，首先收回空袭中途岛和拦截美军轰炸机的飞机，然后重新组织部队以进攻美军特混舰队。

9 时 25 分，由"大黄蜂"号航空母舰上起飞的鱼雷攻击机群向日舰发起进攻，无一命中日军航母，反而全部被击落。

9 时 40 分，由"企业"号航空母舰上起飞的鱼雷攻击机群向日舰发起进攻，未命中日军航母，只有一架飞机返航。

"大黄蜂"号航母

从 6 月 4 日清晨至上午 10 时，美军派出的岸基飞机和舰载机共出动 99 架次，损失惨重，一无所获。

10 时 24 分，南云舰载机完成了全部出击准备工作，但为时已晚。美军"企业"号的 33 架无畏式俯冲轰炸机群抵达，分成两个中队分别攻击"加贺"号和"赤城"号。与此同时，"约克城"号上的 17 架无畏式俯冲轰炸机径直扑向"苍龙"号。

日军的 3 艘航空母舰刹那间变成了三团火球，堆放在机库里的飞机以及燃料和弹药引起大爆炸，浓烟滚滚，火光冲天……短短的 5 分钟里，日本三艘航空母舰被彻底炸毁。

10 时 40 分，接替指挥空中作战的日第 2 航空战队

日军三艘航母分别被击中

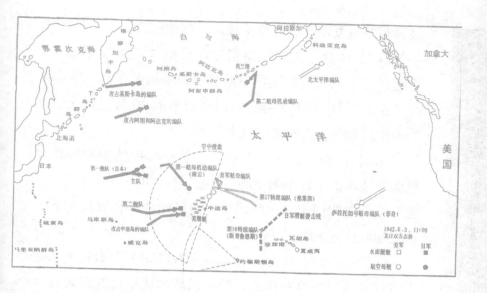

司令官山口多闻少将发动反击，18架由"九九"式俯冲轰炸机和6架零式战斗机组成的攻击编队从"飞龙"号航空母舰起飞。飞向目标途中，发现了一批正在返航的美军轰炸机，便悄悄尾随，成功地找到了"约克城"号，并立即发动攻击。3颗炸弹命中"约克城"号，虽然遭到破坏，但是在美军船员的极力抢修下，仍然恢复了航行功能。

11点30分，南云中将带领参谋长和参谋人员转移到了"长良"号巡洋舰，开始集合残余的舰队。

13时40分，"飞龙"号决定用现有全部飞机对受伤的"约克城"号发起第二次攻击。

14时42分，"约克城"号被两枚鱼雷击中，失去机动能力，舰长下令弃舰。在海上漂浮的"约克城"号后被日军潜艇发现并进行鱼雷攻击，终致沉没。

14时45分，美军侦察机发现日军"飞龙"号航空母舰，第十六特混舰队司令斯普鲁恩斯海军少将立即命令"企业"号、"大黄蜂"号航空母舰的30架无畏式俯冲轰炸机起飞，去攻击"飞龙"号。

16时45分，美军"企业"号航空母舰的俯冲轰炸机成功地攻击了日军剩下的"飞龙"号，4颗炸弹命中"飞龙"号，立即引起大火和爆炸。山口司令官和舰长加来止男随舰葬身大海。

6月5日2时55分，日本联合舰队司令山本五十六大将宣布撤销中途岛作战计划，最后承认了日本舰队的失败。

中途岛战役以日本舰队惨败而告终，拥有情报优势的美军在中途岛战役中只损失一艘航空母舰、1 艘驱逐舰和 147 架飞机，阵亡 307 人；而日本却损失了 4 艘大型航空母舰、1 艘巡洋舰、330 架飞机，还有几百名经验丰富的飞行员和 3700 名舰员。

为了掩盖自己的惨败，避免挫伤部队的士气，6 月 10 日，日本电台播放了响亮的海军曲，并宣称日本已"成为太平洋上的最强国"。当惨败的舰队疲惫不堪地回到驻地时，东京竟举行灯笼游行以庆祝胜利。

中途岛海战宣告了日本战略进攻的结束，成为太平洋战争的转折点。美国海军首脑事后评价道："中途岛战斗是日本海军 350 年以来的第一次决定性的败仗。它结束了日本的长期攻势，恢复了太平洋海军力量的均势"。同时，此战还给日军高层造成了难以愈合的创伤，这一痛苦的回忆直到"二战"结束一直挥之不去，使他们再也无法对战局做出清晰的判断。

"破门"血战冲绳岛

冲绳岛战役是太平洋战场上的最后一战。美军虽然取得了冲绳岛战役的胜利，但却付出了非常惨重的代价，以至于战役结束后，美军都没有举行大规模的庆祝活动。

冲绳岛是琉球群岛中最大的岛屿，面积约 1256 平方千米，在琉球群岛中位置居中，人口当时为 46 万人，

战略位置非常重要。它与硫黄岛共同组成了日本本土南面海域上的门户，有日本"国门"之称。一旦占领该岛，便可"破门"而入，直接攻击日本本土，因此冲绳岛登陆战被称作"破门之战"。

1945 年 3 月，美军在攻占硫黄岛后，继续向前推进，数十万大军直抵日本的大门口。

早在 1944 年 10 月，美国参谋长联席会议就向太平洋战区下达了攻占冲绳岛的指令。

1945 年 2 月 9 日，美国参谋长联席会议批准了冲绳岛作战的具体登陆计划。

美军把冲绳作战计划命名为"冰山",意为此役美军出动的兵力仅为冰山一角,主力在进攻日本本土时才会动用。

日本方面对冲绳战役同样非常重视,1945 年 3 月 20 日,日本海军部提出了"天字作战"命令,把冲绳战役看作是"为了防守日本本土而进行决战的焦点",计划以大量的"神风"特攻队、自杀舰、"回天"鱼雷等大量自杀性武器攻击盟军。

美军把登陆日期确定为 1945 年 4 月 1 日,之前进行必要的外围作战准备,为登陆作战扫清障碍。

从 3 月 29 日开始,美军航空队将 B-29 轰炸机上除尾炮以外的所有机载武器卸掉，使 B-29 的载弹量增加到 7 吨，全部使用燃烧弹，目的在于迅速引起火灾。但这样的做法相当冒险，一旦卸掉了机载武器的 B-29 遇上日军战机将没有任何反击能力。当晚，334 架满载燃烧弹的 B-29 往东京投下了近 2000 吨燃烧弹，随后又如法炮制，对名古屋、大阪、神户等城市进行了大规模轰炸。大轰炸直接导致了日军飞机制造厂的迁移，使日本的飞机产量大大降低，减轻了空中威胁。

登陆冲绳岛之前，美军进行了必要的炮火准备。1945 年 4 月 1 日，美军的登陆行动开始。

上午 8 时，美陆战第 6 师、第 11 师、步兵第 7 师、第 96 师分成 8 个登陆波，列成方阵，向滩头发起冲击，

却很反常地没有遇到任何抵抗就占领了嘉手纳机场和读谷机场。

美军的登陆作战非常顺利。对此，美军感到非常疑惑。因为日军不可能放弃冲绳岛。原来，冲绳战役之前，日军无法确定美军的攻击方向是冲绳还是台湾，抽调了一部分兵力到台湾参与防守，从而被迫改变作战计划，放美军登陆部队全部登陆，然后将其诱至有海空军火力掩护和支援的丘陵地带再一举歼灭。

日军负责指挥实施抗登陆和诱敌计划的是曾经参加过南京大屠杀的牛岛满。4月6日，牛岛满在指挥其所属第32军抗击美军的同时，日军的"天号作战"全面展开。这个"天号作战"，就是组织"神风"特攻队，以载满炸弹的飞机疯狂撞击美舰，进行自杀性进攻。

日本人将这种自杀攻击行为称为"菊水特攻"。菊水的意思是水中的菊花，是14世纪著名武士楠木正成的纹章图案"水上菊花"。楠木武士在众寡悬殊的战斗中与敌同归于尽。日军的"菊水特攻"是以大批自杀飞机去进行"一机换一舰"的战斗行动，一旦美军舰船被这些自杀飞机摧毁，美军登陆部队失去舰队支援，守岛日军将大举反攻，将美军赶入大海。

4月6日至7日，日军开始了"菊水1号特攻"作战。日军出动335架自杀飞机和344架战斗机，对美军舰队的舰船进行猛烈攻击。美军的3艘驱逐舰、1艘坦克登陆舰和2艘军火船被击沉，10余艘舰船受到重创。这种自杀式的攻击行为使美军心惊胆战。

除了自杀飞机，日军还组织了"自杀舰队"。4月6日下午，由巨型战舰"大和"号、巡洋舰"矢矧"号和8艘驱逐舰组成的特攻舰队，在没有任何空中掩护，油料只够单程的情况下，由九州海岸南下冲绳。"自杀舰队"的海军官兵们在明知将以身赴死的情况下，仍高唱着《樱花歌》，奔向战场。

4月7日晨，美军侦察机发现了来袭的日军特攻舰队，立即派出280架战机对日军舰队进行轰炸。在美军强大海空兵力的攻击下，6艘日军战舰被击沉。被日军称为"永不沉没的大和"的巨型战列舰连同2000余名日军官兵就永远地沉没了。

4月14日至15日，日军"菊水特攻队"进行了第2次"菊水特攻"。日军以298架自杀飞机击沉了美军各类战舰10余艘。

4月16日，日军又发动了第3次"菊水特攻"，以9架自杀飞机击沉、击伤美军各1艘。

日军的"菊水特攻"自杀攻击一直持续到6月22日，共组织了10次"菊水特攻"行动，以2258架战机的损失击沉美军战舰36艘、击伤360余艘、击落美军舰载机763架，使美军付出了惨重代价。

在美军和日军的"菊水特攻队"、"自杀舰队"在海上拼杀的同时，美军的登陆部队和日军守备部队在冲绳岛上也展开了血战，陆地战争的残酷程度丝毫不亚于海空战斗，前面的顺利登陆原来是牛岛满的诱敌之计。在冲绳南部，牛岛满以悬崖峭壁、深沟高谷等险峻地形为依托，构筑坚固隐蔽的防御工事进行重点设防，使整个冲绳岛就像一个布满洞穴、坑道和火炮阵地的蜂窝。一道防线被突破，再撤往下一道防线继续据险死守。以至于美军在4月5日以后的8天时间里伤亡高达4000余人，经过两个多星期的激战才突破日军第一道防线。在重点地区的争夺战中，美军向前推进的单位是以尸体来丈量的，仅攻占伊江岛市的"中央高地"就足足用了美军6天时间，后来美军将其命名为"血岭"。

5月27日，美军攻占了冲绳岛首府——那坝，牛岛满率领残余兵力撤退到冲绳岛最南端的珊瑚山。

6月10日，美军发动全线攻击，却在那坝南方小禄半岛上遭到了2000名士兵的阻击，不得不逐洞与日军争夺。美军陆战第6师在付出沉重代价后才占领了小禄半岛。

6月18日，美军指挥地面作战的第十集团军司令巴克纳外出视察海军陆战队阵地时，被一发日军炮弹击中，当场阵亡，成为美军在太平洋战争中战死的最高级别将领。

6月23日，牛岛满眼见胜利无望，在给日本大本营发出告别电报以后，和他的参谋长一起剖腹自杀。在场的7名参谋人员用手枪集体自杀。

1945年7月2日，美军正式宣布冲绳岛战役结束，

取得了冲绳岛战役的胜利。

此役，历时三个多月，是美军在太平洋战争中损失最为惨重的一次。美军在战争中阵亡 1.3 万人，伤 6.2 万人。日军连同平民死亡 18.8 万人，被俘 7400 人。美军以沉重的代价夺取冲绳岛，为日本法西斯敲响了丧钟。

冲绳血战给美军心理上以极大震撼，直接影响了对日本本土作战的研究和判断。按照登陆作战的损失情况，将来对日本本土作战，美军预计要付出 20 万人左右的代价。为了让在太平洋侥幸存活的美军尽可能多地回到故乡,已经胜利在望的美军毅然决定使用原子弹这种"死神武器"。

1945 年 8 月 6 日，美军将代号为"小男孩"的原子弹投到了广岛；8 月 9 日，另一枚代号为"胖子"的原

子弹投到了长崎。原子弹爆炸的巨大威力，最终导致了
日本无条件投降。

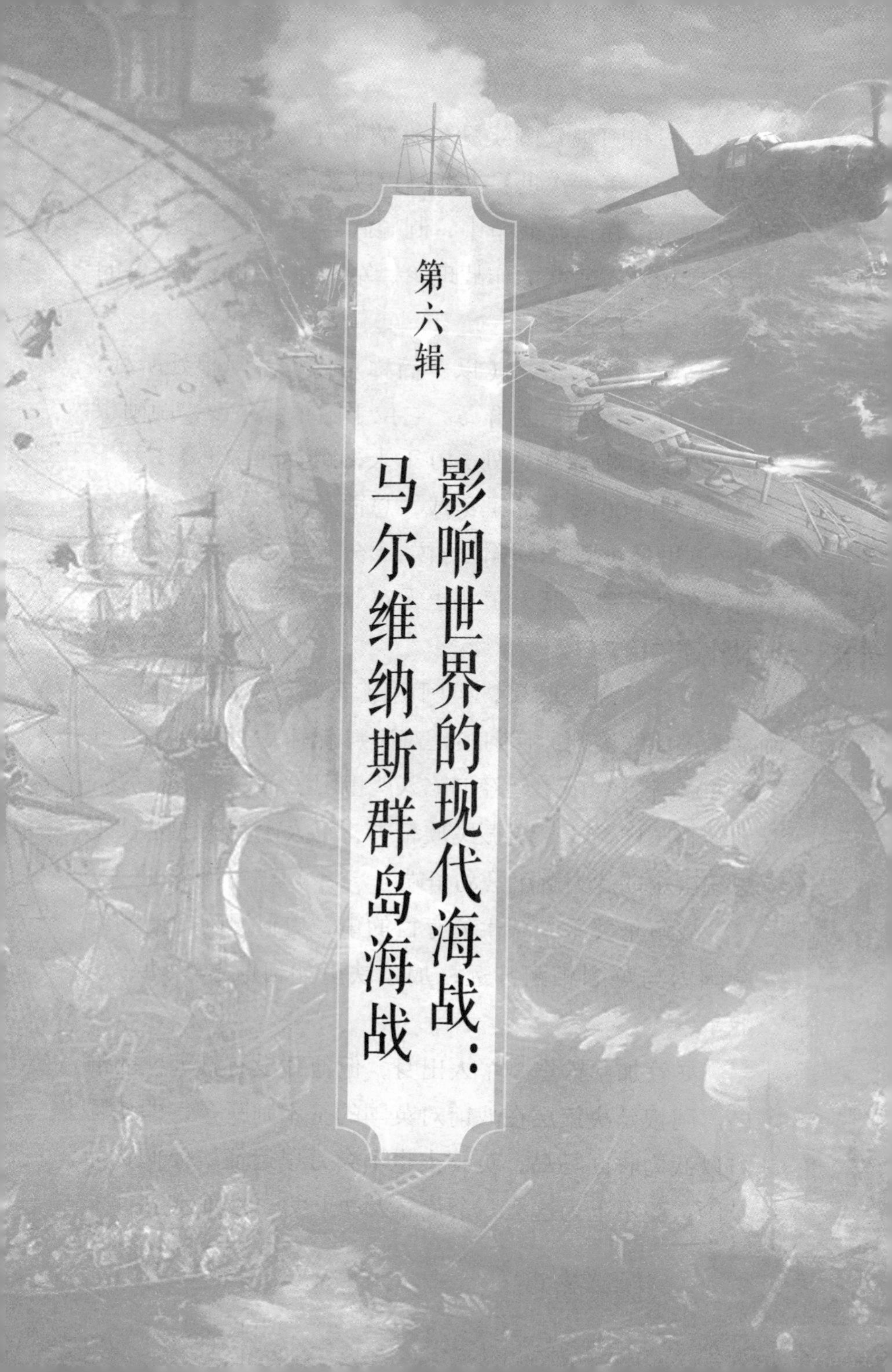

第六辑

影响世界的现代海战：马尔维纳斯群岛海战

英国和阿根廷围绕马尔维纳斯群岛（福克兰群岛）的战争，是第二次世界大战结束以来最大规模的高技术局部战争。在这次战争中，制导武器和电子对抗手段被广泛应用，对后来的作战理论、军队建设和武器装备的发展产生了深远影响。

马尔维纳斯群岛（以下简称马岛）系阿根廷所称，英国人称之为福克兰群岛。它位于阿根廷东南，距阿根廷大陆南部海岸最近处 510 千米，距英国本土 1.3 万千米，它由 300 多个岛礁组成，总面积约 1.8 万多平方千米。这里是典型的海洋性气候，十分寒冷，常年风暴不断，自然条件贫瘠，既无工业也无农业，最基本的能源也需要外部供给。

围绕马岛的归属，英阿两国争执已久。旷日持久、毫无进展的谈判，使阿根廷对谈判渐渐失去耐心。20 世纪 80 年代初，阿根廷经济陷入严重困境，政局日益动荡，为转移国内矛盾、提振民族精神，军人出身的加尔铁里总统决定以武力解决马岛争端。

战争是关乎国家生死存亡的事，更何况阿根廷的综合国力与英国相距甚远，加尔铁里如何敢于发动一场战争？

尽管加尔铁里是军人出身，但他并没有打大仗的准备。阿根廷决策层在战前对英国的基本判断是，即使阿方以武力收回马岛，英国人也不会万里远征。他们认为英国人犯不上为这么一个荒岛大动干戈、劳师远征。

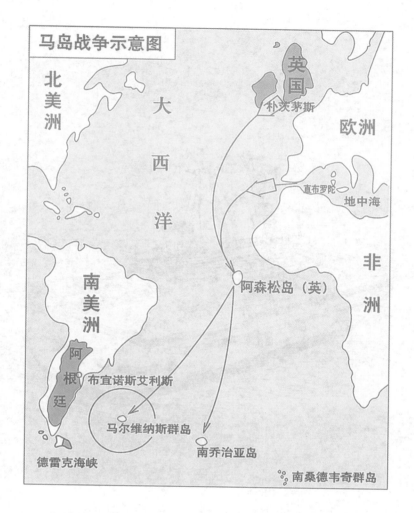

马岛战争示意图

北美洲

大西洋

南美洲

阿根廷

德雷克海峡

英国
朴次茅斯

欧洲

直布罗陀
地中海

非洲

阿森松岛（英）

布宜诺斯艾利斯

马尔维纳斯群岛

南乔治亚岛

南桑德韦奇群岛

　　打赢一场战争，至少要弄清楚谁是敌人谁是朋友。战前，加尔铁里对美国很有信心。因为他60年代曾在美国接受过工兵训练并竭力向美国靠拢。冷战时期，美国为对抗苏联在中南美洲的影响，一直与加尔铁里的军政府有着密切的合作关系。加尔铁里对美国几乎有求必

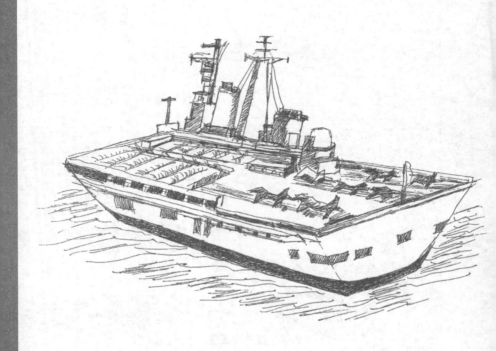

应，成为美国在拉美地区的铁杆盟友。正是这些因素，给加尔铁里造成了错觉。他在一次重要会议上说："我并不期望美国赞同或支持我国的行动，但我确信，美国将以不偏不倚的中立态度行事。"他甚至坦率地说"我是美国人养大的孩子"。但这一切都是他单方面的判断和一厢情愿。

我们再来看他的对手，英国首相玛格丽特·撒切尔夫人。尽管战争爆发之前，马岛被英国的决策层认为是一个小小的、无足轻重的、"照顾不过来"的问题，撒切尔夫人本人甚至从未想到会有一天要命令英军出发作战。

1982 年 3 月 3 日，当了解到马岛有着发生战争的迹象时，撒切尔夫人停下手中所有急迫的工作，重新对马岛的价值进行了审视。马岛位于南大西洋和南太平洋航道要冲，是经过麦哲伦海峡或绕道合恩角船只的必经之地。万一巴拿马运河遭到关闭，这些港口的重要性立刻举足轻重。马岛与南极大陆遥遥相望，是开发南极的前进基地和物资中转站。马岛的资源十分丰富，大陆架蕴藏着丰富的石油、天然气和锰矿等，石油储量高达 60 亿桶。她的结论是：尽管马岛的经济负担颇为沉重，但它的地理位置不容忽视。

一旦关注，撒切尔夫人就表现出了惊人的战略判断能力，战争已经成为她的一个选择。

1982 年 3 月 31 日，加尔铁里军政府作出了武力收复马岛、一劳永逸地解决马岛问题的决定。

对于撒切尔夫人来说，战争来得太突然，在阿根廷入侵前几小时还没有预测战争就要爆发。

1982年4月1日深夜，900名海军陆战队员在阿根廷海军少将布塞尔的指挥下，以微不足道的代价控制了马岛。

马岛瞬间陷落，这一重大消息在英国社会各阶层引起了强烈反应。各大媒体以前所未有的态度，众口一词地对政府进行愤怒质问。但是，外国记者预测的骚乱没有出现，"英国人民在一夜之中又成熟了十岁"。当首相的电视讲话播出后，英国的民众默默地以自己的方式支持着自己的国家，他们默默地读着各种新闻和号外，默默地工作，默默地升起国旗。撒切尔夫人以异乎寻常的冷静引导了这种情绪，她成功地把这种情绪转化为对自己战争决策的巨大支持。

撒切尔夫人决心利用马岛战争重建英国的自信和世界地位。她在议会上宣布，一支展示英国决心的大型特混舰队将很快出发，不使阿根廷人撤出群岛绝不回兵。

除了决策层的果断决心，军方的反应速度也是惊人的。不到72小时，一支由近40艘舰船组成的特混编队已经边开拔边集结边进入临战训练。撒切尔夫人满意地说："特混舰队集结速度之快将永垂英国军事史册"。

虽然军事上得不到的东西不要指望从谈判桌上得到，但是谈判桌上得到的将会影响到战争的胜败。多国

联盟胜过孤军奋战。

马岛危机，美国的态度极为关键，可以左右整个战局。美国与英国向来是最亲密的盟友，甚至撒切尔夫人还自信地认为里根总统早已是她最亲密的盟友，当然这要归功于和平时期建立起来的良好关系，使战时沟通变得非常容易。撒切尔夫人所料不错，美国最高决策层对英国和她本人的支持是坚定的，帮助也是多方面的。

美国利用自己强大的侦察信息网为远离本土之外的英国提供了大量情报数据和武器装备，而阿根廷方面则受到经济制裁和严格的武器禁运。

应英国的坚决要求，欧共体、法国、澳大利亚、加拿大、日本等国先后对阿根廷采取了中止军事合作、实施完全或部分禁运、停止一切贷款项目等对抗性措施。

英国人将马岛称为福克兰群岛，简称"福岛"，隐

含着福地之意。的确，在海洋争霸时代和两次世界大战期间，英军在这里屡屡取得胜利。这一次，英军是否仍然能得到命运之神的眷顾，战胜阿根廷呢？

4月25日，英军快速先遣队先期抵达防守薄弱的南乔治亚岛海域，在实施垂直登陆过程中，意外地发现阿根廷潜艇"圣菲"号，立即起飞两架直升机实施鱼雷攻击，将"圣菲"号炸沉。由于英军的登陆企图被发现，英军由偷袭改为强攻，经过两个小时的战斗，英军成功占领南乔治亚岛，并把它作为一个前进基地。

4月29日，英国特混舰队主力在伍德沃德少将率领下抵达马岛海域，完成对马岛周围200海里水域海空封锁部署。第二天，英军出动舰载机、"火神"式轰炸机和水面舰艇对马岛的机场和港口进行轰炸，阿根廷空军进行还击后，双方展开激烈空战。

5月2日，阿海军第二大战舰巡洋舰"贝尔格拉诺将军"号一出航就被英国核动力潜艇"征服者"号盯上。

"征服者"号

"征服者"号认为"贝尔格拉诺将军"号试图突破封锁，威胁英特混舰队安全，于是在马岛200海里禁区外，向"贝尔格拉诺将军"号发射三枚 MK-8 鱼雷，将其击中，巡洋舰在 45 分钟后沉没，共有 321 名舰员阵亡。

"贝尔格拉诺将军"号的沉没，激起了阿根廷人的斗志。阿军决定对英舰实施报复。

两天后，阿巡逻机发现英国最现代化驱逐舰之一"谢菲尔德"号驱逐舰正在马岛北部警戒，于是出动两架从法国购买的"超级军旗"战机，携带"飞鱼"空舰导弹前往攻击。阿飞行员凭着高超的飞行技术，利用地球曲面作掩护，以超低空飞行钻入英舰的雷达盲区，在距离目标大约 26 千米的地方发射了两枚导弹，然后立即返航。等英军发现导弹时为时已晚，"谢菲尔德"号的操作、探测中心被击中，一边燃烧一边下沉。眼看军舰就要爆炸，舰长索尔特只得下达了弃舰命令。英军在这次打击中伤亡和失踪达 87 人。一枚价值 20 万美元的导弹轻而易举地击沉英国最现代化的驱逐舰，引起了世界各国海军的极大关注。

"谢菲尔德"号被击沉后，英军加强了对阿军的攻势，逐步夺取了马岛的制海权和制空权。

从 5 月中旬开始，英军逐渐转向登陆作战，由伍德沃德少将全权指挥。英军在完成一系列登岛准备后，选取圣卡洛斯湾作为登陆地点。

5 月 19 日至 20 日，英军的庞大佯攻舰队在两艘航

英国"谢菲尔德"号驱逐舰在马岛冲突中被阿方发射的"飞鱼式"号弹击中起火的资料照片。

空母舰率领下，浩浩荡荡向南行驶，穿越斯坦利港入口，向马岛南部展开多路佯攻，炮火非常猛烈，以至于阿根廷人真的以为英军的主攻方向就是马岛南部。

5月20日午夜，英军大型登陆舰"勇猛"号、"无恐"号和为其护航的20艘驱逐舰、护卫舰组成的庞大舰队载着3000余名士兵，一路保持着无线电静默，沿马岛北部海岸行驶，向圣卡洛斯湾进发。

6时30分，英军主力在圣卡洛斯港实施多点多批次水面和垂直登陆。发现有诈的阿根廷军队立即组织猛烈空袭。

5月25日，阿根廷军队出动了全部的70余架一线飞机，对英军进行空中打击。英军顶住了阿军的猛烈空袭，也使阿军受到重创，同时在圣卡洛斯湾成功登陆。

英军登陆成功后，围绕夺占全岛的目标，从南北两

个方向迅速展开总攻。伍德沃德以海军陆战队和伞兵当先锋，步兵紧随其后，对斯坦利港形成合围之势。

6月13日，经过激战，阿军最后一道防线被突破。次日清晨，英军占领了斯坦利港。

6月14日，阿根廷驻马岛军事长官梅嫩德斯正式向英地面部队陆军少将穆尔投降并签署了停火撤军纪要。历时74天的马岛之战结束。

英阿马岛之战以英国胜利而告终，但马岛争端并未随着战争的结束而停止。

震惊世界的英阿马岛之战是"二战"之后在世界范围内的第一场真正意义上的海战和岛屿两栖登陆作战，刷新了现代条件下海空一体战的新样式，作为现代海上局部战争的典型战例被世界各国反复研究，引发了深深的思考。

尾声：海战启示录

综观近现代以来的世界大海战，没有一个不是关系到国家的荣辱成败。

无论是具有"海上马车夫"之称的荷兰，还是拥有"无敌舰队"的西班牙，都是从海上战争失败开始被逐出世界强国之列。

19世纪末的德国不满足于只做一个陆上强国，竭力打造"大洋舰队"同英国抗衡，结果使海陆两个方向都不能兼顾，从而输掉了第一次世界大战。

20世纪60年代以来的苏联，不惜投入巨资发展远洋海军和美国竞争，结果经济被拖垮，成为苏联解体的一个重要因素。

古往今来，没有一个海上强国不是把发展海军与扩大海上贸易相结合。

海洋动全身，海战定乾坤，这是国家大略，也是努力方向。

如果说21世纪是海洋的世纪，那么21世纪的海军已经成为现代战争的主角。从海湾战争、"沙漠之狐"行动再到科索沃战争，无一不是海军打头阵。强国海军业已成为战争中的真正主角。

只要霸权国家行径不改，海军仍将是其体现国家意志的主要力量，海战还将在风云激荡的广阔海洋上演。

后　记

一

好朋友总是在对方需要的时候出现，平时则有如老死不相往来。我和林风谦就是这样。

20 世纪 90 年代，我和风谦成为军校的同窗好友。毕业后，我们像蒲公英一样被各自的理想吹落在海军扎根，后来又以不同的方式告别军旅。

2015 年国庆期间，我和风谦在青岛见面，得知风谦即将从海军石家庄舰政委的岗位上退出现役，他说要听从自己内心的召唤，转业从事自己所喜欢的公益事业。重要的是，他始终不能忘情于海洋，常常感叹："在我们国家，海洋教育简直太缺乏了。缺乏到许多人只知道我们国家有 960 万平方公里陆地国土，却不知道我们还有 300 多万平方公里管辖海域……"于是，转业之后，他一头扎入自己喜欢的公益事业中，"拥抱海洋——青少年海洋国防意识培育"自然成为他公益活动中的一个

重要内容。当时，他已经与一群退伍转业军人，用业余时间走进校园，广泛开展这项活动并深受师生欢迎，目前该项目先后获得 2015 年山东省首届志愿服务项目大赛银奖、2016 年青岛市十佳青年公益项目、2017 年中国青年社会组织公益创投大赛山东站三等奖。

　　宣传海洋，讲述关于海洋的故事，一两次演讲可以用自己的经历作为素材，时间久了，就需要用系统的海洋知识作教材。在酒精的作用下，我和风谦一拍即合：咱们以青少年为主，编写一套海洋教育读本吧。

　　于是，就有了这套书。

如果想要走向海洋，就必须科学地认识海洋。我们所有的海洋知识都从历史中得来，得益于航海先驱们的正确经验，他们关于海洋的所有记忆都是留给我们的宝贵财富。

但是，关于海洋的文章浩如烟海，无法全部用于普及教育，必须有所选择，有所取舍。我们决定把这套海洋教育读本分成三卷本，一卷介绍海洋知识，一卷记录航海英雄们走向海洋的过程，另一卷讲述发生在海洋上的主要战争。这个三卷本的写作并非完全是文学意义上

的创作，而是像一本叫《金蔷薇》的书中记述的"我们，文学家们，以数十年的时间筛取着数以百万计的这种微尘，不知不觉地把它们聚集起来，熔成合金，然后将起锻造成我们的'金蔷薇'——长篇小说、中篇小说或者长诗。"我们仿照这个过程，努力地筛取与海洋有关的微尘，聚集能够为我所用的有价值的文字。

知识的获得从来都是一个接力的过程。

致力于海洋方面的研究是一个接力过程，对于海洋的宣传教育也是个接力的过程。我始终觉得，我们有责任把无数专家学者的研究所得推荐给越来越多的人，让他们的研究所得甚至是毕生心血不至被湮没。另外，

218

我们注意到，研究方向越集中，研究越深入，越容易有新的发现。在这个挖掘过程中，旧的发现很容易被新的发现所掩埋。我们要做的，是尽量把价值的东西呈现给大家。

传播海洋知识，我们决心努力接过手中的这一棒。

令我们欣慰的是，在我们发起的这次海洋教育公益活动中，有许许多多的人和我们在一起奔跑。在这套海洋教育丛书撰写工作即将完成之际，风谦在腾讯发起众筹的同时，也通过朋友圈向同学、朋友进行宣传，把募集经费的过程作为一次海洋教育的过程。大家的关注和无私捐助使我们深受感动。感谢爱基金理事艾红学使图书有了一个明确定位，感谢爱基金会长陈立刚、理事朱军和快乐沙爱心帮扶中心爱友宫钦良、孙春英等的鼎力相助，感谢快乐沙"拥抱海洋讲师团"各位成员在项目上的辛苦付出，也感谢我的家人给予我的支持，帮我搜集资料、提出修改建议。

三

为了让大家易于也乐于接受，使亲爱的读者诸君看起来更直观一些，我们在第一卷《海洋广角》里面插入了大量的插图，不少是请我的中学同学、美术教师陈朝银先生专门绘制的；另外两册，则以照片为主。其中有青岛摄影家宋德芬免费提供的，也有我去海滨城市和海

战场遗址现场拍摄的。

在制作方面，年轻的设计师胡长跃先生非常用心，充分地加入自己的理解。他认为，知识之树常青，故《海洋广角》的封面基调应该是偏于青色和蓝色的；航海带来的是成就和荣耀，故《航海英雄》封面基调可以是黄色的；战争是血与火的洗礼，所以《海上战争》应该是红色的。善哉斯言。

在这套书即将出版之际，感谢海洋出版社邹华跃主任、赵武编辑的努力和辛勤劳动，感谢所有关心关注我们这次公益活动的参与者、捐助者和亲爱的读者诸君。希望有越来越多的人加入我们的行列。让我们一起拥抱海洋、奔向海洋。